교과서 연계 연산 강화 프로젝트

속도와 정확성을 동시에 잡는 연산 훈련서

쌤과

쌍둥이 연산노트

초등 6단계

3·2

예습책

1일 2쪽

한 달 완성

이젠교육
EZEN EDUCATION

이젠수학연구소 지음
이젠수학연구소는 유아에서 초중고까지 학생들이 수학의 바른길을 찾아갈 수 있도록 수학 학습법을 연구하는 이젠교육의 수학 연구소입니다. 수학 실력은 하루아침에 완성되지 않으며, 다양한 경험을 통해 발달합니다. 그길에 친구가 되고자 노력합니다.

쌤과 맘이 만든
쌍둥이 연산 노트 3-2 예습책 (초등 6단계)

지 은 이 이젠수학연구소
펴 낸 이 임요병
펴 낸 곳 (주)이젠미디어
출판등록 제 2020-000073호
주 소 서울시 영등포구 양평로 22길 21 코오롱디지털타워 404호
전 화 (02)324-1600
팩 스 (031)941-9611

개발책임 최철훈
편 집 (주)성지이디피
디 자 인 이순주, 최수연
제 작 이성기
마 케 팅 김남미
인스타그램 @ezeneducation
블 로 그 http://blog.naver.com/ezeneducation

@이젠교육
ISBN 979-11-90880-56-5

쌤과 맘이 만든

쌍둥이 연산노트

초등 6단계

3·2 예습책

쌍둥이 연산 노트

한눈에 보기

1학년

1학기

단원	학습 내용
9까지의 수	· 9까지의 수의 순서 알기 · 수를 세어 크기 비교하기
덧셈	· 9까지의 수 모으기 · 합이 9까지인 덧셈하기
뺄셈	· 9까지의 수 가르기 · 한 자리 수의 뺄셈하기
50까지의 수	· 십몇 알고 모으기와 가르기 · 50까지의 수의 순서 알기 · 50까지의 수의 크기 비교

2학기

단원	학습 내용
100까지의 수	· 100까지의 수의 순서 알기 · 100까지 수의 크기 비교하기
덧셈(1)	· (몇십몇)+(몇십몇) · 합이 한 자리 수인 세 수의 덧셈
뺄셈(1)	· (몇십몇)−(몇십몇) · 계산 결과가 한 자리 수인 세 수의 뺄셈
덧셈(2)	· 세 수의 덧셈 · 받아올림이 있는 (몇)+(몇)
뺄셈(2)	· 세 수의 뺄셈 · 받아내림이 있는 (십몇)−(몇)

2학년

1학기

단원	학습 내용
세 자리 수	· 세 자리 수의 자릿값 알기 · 수의 크기 비교
덧셈	· 받아올림이 있는 (두 자리 수)+(두 자리 수) · 세 수의 덧셈
뺄셈	· 받아내림이 있는 (두 자리 수)−(두 자리 수) · 세 수의 뺄셈
곱셈	· 몇 배인지 알아보기 · 곱셈식으로 나타내기

2학기

단원	학습 내용
네 자리 수	· 네 자리 수 알기 · 두 수의 크기 비교
곱셈구구	· 2~9단 곱셈구구 · 1의 단, 0과 어떤 수의 곱
길이 재기	· 길이의 합 · 길이의 차
시각과 시간	· 시각 읽기 · 시각과 분 사이의 관계 · 하루, 1주일, 달력 알기

3학년

1학기

단원	학습 내용
덧셈	· 받아올림이 있는 (세 자리 수)+(세 자리 수)
뺄셈	· 받아내림이 있는 (세 자리 수)−(세 자리 수)
나눗셈	· 곱셈과 나눗셈의 관계 · 나눗셈의 몫 구하기
곱셈	· 올림이 있는 (몇십몇)×(몇)
길이와 시간의 덧셈과 뺄셈	· 길이의 덧셈과 뺄셈 · 시간의 덧셈과 뺄셈
분수와 소수	· 분모가 같은 분수의 크기 비교 · 소수의 크기 비교

2학기

단원	학습 내용
곱셈	· 올림이 있는 (세 자리 수)×(한 자리 수) · 올림이 있는 (몇십몇)×(몇십몇)
나눗셈	· 나머지가 있는 (몇십몇)÷(몇) · 나머지가 있는 (세 자리 수)÷(한 자리 수)
분수	· 진분수, 가분수, 대분수 · 대분수를 가분수로 나타내기 · 가분수를 대분수로 나타내기 · 분모가 같은 분수의 크기 비교
들이와 무게	· 들이의 덧셈과 뺄셈 · 무게의 덧셈과 뺄셈

쌍둥이 연산 노트는 **수학 교과서의 연산과 관련된 모든 영역의 문제를**
학교 수업 차시에 맞게 구성하였습니다.

4학년

1학기

단원	학습 내용
큰 수	· 다섯 자리 수 · 천만, 천억, 천조 알기 · 수의 크기 비교
각도	· 각도의 합과 차 · 삼각형의 세 각의 크기의 합 · 사각형의 네 각의 크기의 합
곱셈	· (몇백)×(몇십) · (세 자리 수)×(두 자리 수)
나눗셈	· (몇백몇십)÷(몇십) · (세 자리 수)÷(두 자리 수)

2학기

단원	학습 내용
분수의 덧셈	· 분모가 같은 분수의 덧셈 · 진분수 부분의 합이 1보다 큰 대분수의 덧셈
분수의 뺄셈	· 분모가 같은 분수의 뺄셈 · 받아내림이 있는 대분수의 뺄셈
소수의 덧셈	· (소수 두 자리 수)+(소수 두 자리 수) · 자릿수가 다른 소수의 덧셈
소수의 뺄셈	· (소수 두 자리 수)−(소수 두 자리 수) · 자릿수가 다른 소수의 뺄셈
다각형	· 삼각형, 평행사변형, 마름모, 직사각형의 각도와 길이 구하기

5학년

1학기

단원	학습 내용
자연수의 혼합 계산	· 덧셈, 뺄셈, 곱셈, 나눗셈이 섞여 있는 식 계산하기
약수와 배수	· 약수와 배수 · 최대공약수와 최소공배수
약분과 통분	· 약분과 통분 · 분수와 소수의 크기 비교
분수의 덧셈과 뺄셈	· 받아올림이 있는 분수의 덧셈 · 받아내림이 있는 분수의 뺄셈
다각형의 둘레와 넓이	· 정다각형의 둘레 · 사각형, 평행사변형, 삼각형, 마름모, 사다리꼴의 넓이

2학기

단원	학습 내용
어림하기	· 올림, 버림, 반올림
분수의 곱셈	· (분수)×(자연수) · (자연수)×(분수) · (분수)×(분수) · 세 분수의 곱셈
소수의 곱셈	· (소수)×(자연수) · (자연수)×(소수) · (소수)×(소수) · 곱의 소수점의 위치
자료의 표현	· 평균 구하기

6학년

1학기

단원	학습 내용
분수의 나눗셈	· (자연수)÷(자연수) · (분수)÷(자연수)
소수의 나눗셈	· (소수)÷(자연수) · (자연수)÷(자연수)
비와 비율	· 비와 비율 구하기 · 비율을 백분율, 백분율을 비율로 나타내기
직육면체의 부피와 겉넓이	· 직육면체의 부피와 겉넓이 · 정육면체의 부피와 겉넓이

2학기

단원	학습 내용
분수의 나눗셈	· (진분수)÷(진분수) · (자연수)÷(분수) · (대분수)÷(대분수)
소수의 나눗셈	· (소수)÷(소수) · (자연수)÷(소수) · 몫을 반올림하여 나타내기
비례식과 비례배분	· 간단한 자연수의 비로 나타내기 · 비례식과 비례배분
원주와 원의 넓이	· 원주, 지름, 반지름 구하기 · 원의 넓이 구하기

쌍둥이 연산 노트

구성과 유의점

단원	학습 내용	지도 시 유의점	표준 시간
곱셈	01 올림이 없는 (세 자리 수)×(한 자리 수)(1)	· 올림이 없는 (세 자리 수)×(한 자리 수)의 계산 원리를 형식화하게 합니다. · 올림이 없는 (세 자리 수)×(한 자리 수)를 계산하게 합니다.	13분
	02 올림이 없는 (세 자리 수)×(한 자리 수)(2)		15분
	03 올림이 한 번 있는 (세 자리 수)×(한 자리 수)①(1)	· 일의 자리에서 올림이 있는 (세 자리 수)×(한 자리 수)의 계산 원리를 형식화하게 합니다. · 일의 자리에서 올림이 있는 (세 자리 수)×(한 자리 수)를 계산하게 합니다.	13분
	04 올림이 한 번 있는 (세 자리 수)×(한 자리 수)①(2)		15분
	05 올림이 한 번 있는 (세 자리 수)×(한 자리 수)②(1)	· 십의 자리 또는 백의 자리에서 올림이 있는 (세 자리 수)×(한 자리 수)의 계산 원리를 형식화하게 합니다. · 십의 자리 또는 백의 자리에서 올림이 있는 (세 자리 수)×(한 자리 수)를 계산하게 합니다.	13분
	06 올림이 한 번 있는 (세 자리 수)×(한 자리 수)②(2)		15분
	07 올림이 여러 번 있는 (세 자리 수)×(한 자리 수)(1)	올림이 여러 번 있는 (세 자리 수)×(한 자리 수)를 계산하게 합니다.	13분
	08 올림이 여러 번 있는 (세 자리 수)×(한 자리 수)(2)		15분
	09 (몇십)×(몇십)(1)	(몇십)×(몇십)의 계산 원리를 형식화하고 계산하게 합니다.	13분
	10 (몇십)×(몇십)(2)		13분
	11 (몇십몇)×(몇십)(1)	(몇십몇)×(몇십)의 계산 원리를 형식화하고 계산하게 합니다.	15분
	12 (몇십몇)×(몇십)(2)		13분
	13 (몇)×(몇십몇)(1)	(몇)×(몇십몇)의 계산 원리를 형식화하고 계산하게 합니다.	15분
	14 (몇)×(몇십몇)(2)		13분
	15 올림이 한 번 있는 (몇십몇)×(몇십몇)(1)	올림이 한 번 있는 (몇십몇)×(몇십몇)의 계산 원리를 형식화하고 계산하게 합니다.	13분
	16 올림이 한 번 있는 (몇십몇)×(몇십몇)(2)		13분
	17 올림이 여러 번 있는 (몇십몇)×(몇십몇)(1)	올림이 여러 번 있는 (몇십몇)×(몇십몇)의 계산 원리를 형식화하고 계산하게 합니다.	13분
	18 올림이 여러 번 있는 (몇십몇)×(몇십몇)(2)		13분
나눗셈	01 (몇십)÷(몇)(1)	내림이 없는 (몇십)÷(몇)과 내림이 있는 (몇십)÷(몇)의 계산 원리와 방법을 이해하고 계산하게 합니다.	13분
	02 (몇십)÷(몇)(2)		15분
	03 나머지가 없고 내림이 없는 (몇십몇)÷(몇)(1)	나머지가 없고 내림이 없는 (몇십몇)÷(몇)의 계산 원리와 방법을 이해하고 계산하게 합니다.	15분
	04 나머지가 없고 내림이 없는 (몇십몇)÷(몇)(2)		15분

◆ 차시별 2쪽 구성으로 차시의 중요도별로 A~C단계로 2~6쪽까지 집중적으로 학습할 수 있습니다.
◆ 차시별 예습 2쪽+복습 2쪽 구성으로 시기별로 2번 반복할 수 있습니다.

단원	학습 내용	지도 시 유의점	표준 시간
나눗셈	05 나머지가 없고 내림이 있는 (몇십몇)÷(몇)(1)	나머지가 없고 내림이 있는 (몇십몇)÷(몇)의 계산 원리와 방법을 이해하고 계산하게 합니다.	15분
	06 나머지가 없고 내림이 있는 (몇십몇)÷(몇)(2)		15분
	07 나머지가 있는 (몇십몇)÷(몇)(1)	나머지가 있는 (몇십몇)÷(몇)의 계산 원리와 방법을 이해하고 계산하게 합니다.	15분
	08 나머지가 있는 (몇십몇)÷(몇)(2)		15분
	09 나머지가 없는 (세 자리 수)÷(한 자리 수)(1)	나머지가 없는 (세 자리 수)÷(한 자리 수)의 계산 원리와 방법을 이해하고 계산하게 합니다.	15분
	10 나머지가 없는 (세 자리 수)÷(한 자리 수)(2)		15분
	11 나머지가 있는 (세 자리 수)÷(한 자리 수)(1)	나머지가 있는 (세 자리 수)÷(한 자리 수)의 계산 원리와 방법을 이해하고 계산하게 합니다.	15분
	12 나머지가 있는 (세 자리 수)÷(한 자리 수)(2)		15분
	13 계산이 맞는지 확인하기	계산한 것이 맞는지 확인해 보게 합니다.	9분
분수	01 분수로 나타내기	전체에 대한 부분을 이해하고 분수로 나타내어 보게 합니다.	7분
	02 진분수, 가분수, 대분수	진분수, 가분수, 대분수를 알게 합니다.	12분
	03 대분수를 가분수로 나타내기	그림을 이용하여 대분수를 가분수로 나타내게 합니다.	10분
	04 가분수를 대분수로 나타내기	그림을 이용하여 가분수를 대분수로 나타내게 합니다.	10분
	05 분모가 같은 가분수의 크기 비교	수직선을 이용하여 분모가 같은 가분수끼리의 크기를 비교하게 합니다.	10분
	06 분모가 같은 대분수의 크기 비교	분모가 같은 대분수끼리의 크기를 비교하게 합니다.	12분
	07 분모가 같은 가분수와 대분수의 크기 비교	분모가 같은 가분수와 대분수의 크기를 비교하게 합니다.	12분
들이와 무게	01 들이의 덧셈	L, mL 단위의 들이의 덧셈 계산 원리를 이해하고 계산하게 합니다.	13분
	02 들이의 뺄셈	L, mL 단위의 들이의 뺄셈 계산 원리를 이해하고 계산하게 합니다.	13분
	03 무게의 덧셈	kg, g 단위의 무게의 덧셈 계산 원리를 이해하고 계산하게 합니다.	13분
	04 무게의 뺄셈	kg, g 단위의 무게의 뺄셈 계산 원리를 이해하고 계산하게 합니다.	13분

01 올림이 없는 (세 자리 수)×(한 자리 수) A

142 × 2의 계산

$$\begin{array}{r} 1\,4\,2 \\ \times\quad 2 \\ \hline 4 \end{array} \Rightarrow \begin{array}{r} 1\,4\,2 \\ \times\quad 2 \\ \hline 8\,4 \end{array} \Rightarrow \begin{array}{r} 1\,4\,2 \\ \times\quad 2 \\ \hline 2\,8\,4 \end{array}$$

2×2=4 　 4×2=8 　 1×2=2

원리 비법 **일의 자리부터** 순서대로 곱해 줘!

곱셈을 하세요.

1. $\begin{array}{r} 2\,4\,1 \\ \times\quad 2 \\ \hline \end{array}$

2. $\begin{array}{r} 1\,3\,3 \\ \times\quad 3 \\ \hline \end{array}$

3. $\begin{array}{r} 2\,3\,1 \\ \times\quad 1 \\ \hline \end{array}$

4. $\begin{array}{r} 4\,3\,3 \\ \times\quad 1 \\ \hline \end{array}$

5. $\begin{array}{r} 1\,3\,1 \\ \times\quad 1 \\ \hline \end{array}$

6. $\begin{array}{r} 1\,1\,2 \\ \times\quad 2 \\ \hline \end{array}$

7. $\begin{array}{r} 2\,3\,4 \\ \times\quad 1 \\ \hline \end{array}$

8. $\begin{array}{r} 1\,3\,1 \\ \times\quad 3 \\ \hline \end{array}$

9. $\begin{array}{r} 4\,1\,4 \\ \times\quad 2 \\ \hline \end{array}$

10. $\begin{array}{r} 4\,3\,1 \\ \times\quad 2 \\ \hline \end{array}$

11. $\begin{array}{r} 1\,2\,3 \\ \times\quad 2 \\ \hline \end{array}$

12. $\begin{array}{r} 1\,2\,4 \\ \times\quad 2 \\ \hline \end{array}$

정답 92쪽

공부한 날짜	맞힌 개수	걸린 시간
월 일	/27	분

곱셈을 하세요.

⑬ $\begin{array}{r} 143 \\ \times \quad 2 \\ \hline \end{array}$

⑭ $\begin{array}{r} 421 \\ \times \quad 1 \\ \hline \end{array}$

⑮ $\begin{array}{r} 121 \\ \times \quad 3 \\ \hline \end{array}$

⑯ $\begin{array}{r} 211 \\ \times \quad 3 \\ \hline \end{array}$

⑰ $\begin{array}{r} 312 \\ \times \quad 2 \\ \hline \end{array}$

⑱ $\begin{array}{r} 221 \\ \times \quad 3 \\ \hline \end{array}$

⑲ $\begin{array}{r} 122 \\ \times \quad 2 \\ \hline \end{array}$

⑳ $\begin{array}{r} 422 \\ \times \quad 2 \\ \hline \end{array}$

㉑ $\begin{array}{r} 233 \\ \times \quad 3 \\ \hline \end{array}$

㉒ $\begin{array}{r} 211 \\ \times \quad 1 \\ \hline \end{array}$

㉓ $\begin{array}{r} 224 \\ \times \quad 2 \\ \hline \end{array}$

㉔ $\begin{array}{r} 343 \\ \times \quad 1 \\ \hline \end{array}$

㉕ $\begin{array}{r} 111 \\ \times \quad 3 \\ \hline \end{array}$

㉖ $\begin{array}{r} 311 \\ \times \quad 3 \\ \hline \end{array}$

㉗ $\begin{array}{r} 324 \\ \times \quad 1 \\ \hline \end{array}$

02 올림이 없는 (세 자리 수)×(한 자리 수) B

○ 314 × 2의 계산

$$\begin{array}{r} 4\times 2= \quad 8 \\ 10\times 2= \ 20 \\ \underline{300\times 2=600} \\ 314\times 2=628 \end{array}$$

➡ 314를 일의 자리, 십의 자리, 백의 자리로 나누어 2와 곱한 후 모두 더합니다.

원리 비법 일의 자리, 십의 자리, 백의 자리로 **나누어** 계산해!

☐ 안에 알맞은 수를 써넣으세요.

❶
1 × 2 = ☐
40 × 2 = ☐
100 × 2 = ☐
141 × 2 = ☐

❷
1 × 3 = ☐
0 × 3 = ☐
200 × 3 = ☐
201 × 3 = ☐

❸
3 × 3 = ☐
30 × 3 = ☐
300 × 3 = ☐
333 × 3 = ☐

❹
3 × 2 = ☐
10 × 2 = ☐
300 × 2 = ☐
313 × 2 = ☐

❺
2 × 2 = ☐
40 × 2 = ☐
400 × 2 = ☐
442 × 2 = ☐

❻
1 × 2 = ☐
20 × 2 = ☐
200 × 2 = ☐
221 × 2 = ☐

❼
2 × 4 = ☐
20 × 4 = ☐
200 × 4 = ☐
222 × 4 = ☐

❽
1 × 4 = ☐
20 × 4 = ☐
200 × 4 = ☐
221 × 4 = ☐

❾
4 × 2 = ☐
30 × 2 = ☐
200 × 2 = ☐
234 × 2 = ☐

정답 92쪽

공부한 날짜	맞힌 개수	걸린 시간
월 일	/30	분

곱셈을 하세요.

⑩ 231×3

⑪ 341×2

⑫ 312×3

⑬ 311×2

⑭ 242×2

⑮ 423×1

⑯ 131×2

⑰ 342×2

⑱ 114×2

⑲ 413×2

⑳ 333×2

㉑ 144×2

㉒ 321×2

㉓ 433×2

㉔ 323×2

㉕ 211×2

㉖ 441×2

㉗ 332×3

㉘ 323×3

㉙ 242×1

㉚ 443×2

03 올림이 한 번 있는 (세 자리 수)×(한 자리 수)① A

○317 × 3의 계산

$$\begin{array}{r} {}^{2} \\ 317 \\ \times3 \\ \hline 1 \end{array} \Rightarrow \begin{array}{r} {}^{2} \\ 317 \\ \times3 \\ \hline 51 \end{array} \Rightarrow \begin{array}{r} {}^{2} \\ 317 \\ \times3 \\ \hline 951 \end{array}$$

7×3=21 1×3+2=5 3×3=9

➡ 7 ×3 =21에서 20을 십의 자리로 올림합니다.

원리 비법 **일의 자리부터** 순서대로 곱해 줘!

곱셈을 하세요.

① $\begin{array}{r} 114 \\ \times\quad 4 \\ \hline \end{array}$

② $\begin{array}{r} 215 \\ \times\quad 3 \\ \hline \end{array}$

③ $\begin{array}{r} 324 \\ \times\quad 3 \\ \hline \end{array}$

④ $\begin{array}{r} 105 \\ \times\quad 7 \\ \hline \end{array}$

⑤ $\begin{array}{r} 445 \\ \times\quad 2 \\ \hline \end{array}$

⑥ $\begin{array}{r} 339 \\ \times\quad 2 \\ \hline \end{array}$

⑦ $\begin{array}{r} 112 \\ \times\quad 8 \\ \hline \end{array}$

⑧ $\begin{array}{r} 428 \\ \times\quad 2 \\ \hline \end{array}$

⑨ $\begin{array}{r} 415 \\ \times\quad 2 \\ \hline \end{array}$

⑩ $\begin{array}{r} 237 \\ \times\quad 2 \\ \hline \end{array}$

⑪ $\begin{array}{r} 148 \\ \times\quad 2 \\ \hline \end{array}$

⑫ $\begin{array}{r} 315 \\ \times\quad 2 \\ \hline \end{array}$

정답 92쪽

공부한 날짜	맞힌 개수	걸린 시간
월 일	/27	분

곱셈을 하세요.

⑬ $$\begin{array}{r} 1\,4\,7 \\ \times \quad 2 \\ \hline \end{array}$$

⑭ $$\begin{array}{r} 1\,1\,9 \\ \times \quad 4 \\ \hline \end{array}$$

⑮ $$\begin{array}{r} 2\,1\,8 \\ \times \quad 3 \\ \hline \end{array}$$

⑯ $$\begin{array}{r} 2\,1\,8 \\ \times \quad 2 \\ \hline \end{array}$$

⑰ $$\begin{array}{r} 1\,0\,4 \\ \times \quad 8 \\ \hline \end{array}$$

⑱ $$\begin{array}{r} 1\,0\,8 \\ \times \quad 8 \\ \hline \end{array}$$

⑲ $$\begin{array}{r} 1\,1\,7 \\ \times \quad 2 \\ \hline \end{array}$$

⑳ $$\begin{array}{r} 3\,2\,9 \\ \times \quad 2 \\ \hline \end{array}$$

㉑ $$\begin{array}{r} 4\,4\,8 \\ \times \quad 2 \\ \hline \end{array}$$

㉒ $$\begin{array}{r} 2\,3\,5 \\ \times \quad 2 \\ \hline \end{array}$$

㉓ $$\begin{array}{r} 3\,1\,5 \\ \times \quad 3 \\ \hline \end{array}$$

㉔ $$\begin{array}{r} 4\,1\,9 \\ \times \quad 2 \\ \hline \end{array}$$

㉕ $$\begin{array}{r} 3\,3\,6 \\ \times \quad 2 \\ \hline \end{array}$$

㉖ $$\begin{array}{r} 1\,1\,6 \\ \times \quad 3 \\ \hline \end{array}$$

㉗ $$\begin{array}{r} 4\,2\,5 \\ \times \quad 2 \\ \hline \end{array}$$

04 올림이 한 번 있는 (세 자리 수)×(한 자리 수)① B

○228 × 3의 계산

$$\begin{aligned} 8 \times 3 &= 24 \\ 20 \times 3 &= 60 \\ 200 \times 3 &= 600 \\ \hline 228 \times 3 &= 684 \end{aligned}$$

➡ 228을 일의 자리, 십의 자리, 백의 자리로 나누어 3과 곱한 후 모두 더합니다.

원리 비법 일의 자리, 십의 자리, 백의 자리로 **나누어** 계산해!

□ 안에 알맞은 수를 써넣으세요.

❶
6 × 2 = □
40 × 2 = □
200 × 2 = □
246 × 2 = □

❹
5 × 2 = □
20 × 2 = □
200 × 2 = □
225 × 2 = □

❼
8 × 4 = □
10 × 4 = □
200 × 4 = □
218 × 4 = □

❷
3 × 6 = □
10 × 6 = □
100 × 6 = □
113 × 6 = □

❺
8 × 2 = □
20 × 2 = □
300 × 2 = □
328 × 2 = □

❽
8 × 3 = □
10 × 3 = □
300 × 3 = □
318 × 3 = □

❸
9 × 2 = □
30 × 2 = □
400 × 2 = □
439 × 2 = □

❻
3 × 4 = □
20 × 4 = □
100 × 4 = □
123 × 4 = □

❾
6 × 2 = □
40 × 2 = □
400 × 2 = □
446 × 2 = □

정답 92쪽

공부한 날짜	맞힌 개수	걸린 시간
월 일	/30	분

곱셈을 하세요.

⑩ 317 × 2

⑪ 226 × 2

⑫ 103 × 8

⑬ 217 × 3

⑭ 216 × 4

⑮ 337 × 2

⑯ 107 × 8

⑰ 115 × 3

⑱ 226 × 3

⑲ 118 × 4

⑳ 435 × 2

㉑ 249 × 2

㉒ 447 × 2

㉓ 229 × 3

㉔ 337 × 2

㉕ 118 × 5

㉖ 209 × 3

㉗ 219 × 4

㉘ 228 × 2

㉙ 112 × 6

㉚ 338 × 2

05 올림이 한 번 있는 (세 자리 수)×(한 자리 수)② A

172 × 3의 계산

$$\begin{array}{r} 1\,7\,2 \\ \times \quad 3 \\ \hline 6 \end{array} \Rightarrow \begin{array}{r} {}^{2}\quad \\ 1\,7\,2 \\ \times \quad 3 \\ \hline 1\,6 \end{array} \Rightarrow \begin{array}{r} {}^{2}\quad\;\; \\ 1\,7\,2 \\ \times \quad 3 \\ \hline 5\,1\,6 \end{array}$$

$2 \times 3 = 6$ $\quad 7 \times 3 = 21$ $\quad 1 \times 3 + 2 = 5$

➡ 70 × 3 = 210에서 200을 백의 자리로 올림합니다.

원리 비법 **일의 자리부터** 순서대로 곱해 줘!

곱셈을 하세요.

1. $\begin{array}{r} 2\,5\,2 \\ \times \quad 3 \\ \hline \end{array}$

2. $\begin{array}{r} 4\,7\,4 \\ \times \quad 2 \\ \hline \end{array}$

3. $\begin{array}{r} 4\,3\,1 \\ \times \quad 3 \\ \hline \end{array}$

4. $\begin{array}{r} 1\,6\,2 \\ \times \quad 3 \\ \hline \end{array}$

5. $\begin{array}{r} 9\,4\,2 \\ \times \quad 2 \\ \hline \end{array}$

6. $\begin{array}{r} 2\,7\,3 \\ \times \quad 3 \\ \hline \end{array}$

7. $\begin{array}{r} 8\,1\,1 \\ \times \quad 7 \\ \hline \end{array}$

8. $\begin{array}{r} 7\,2\,4 \\ \times \quad 2 \\ \hline \end{array}$

9. $\begin{array}{r} 2\,9\,1 \\ \times \quad 3 \\ \hline \end{array}$

10. $\begin{array}{r} 7\,3\,2 \\ \times \quad 2 \\ \hline \end{array}$

11. $\begin{array}{r} 4\,5\,3 \\ \times \quad 2 \\ \hline \end{array}$

12. $\begin{array}{r} 9\,1\,1 \\ \times \quad 4 \\ \hline \end{array}$

공부한 날짜	맞힌 개수	걸린 시간
월 일	/27	분

곱셈을 하세요.

⑬ 512×3

⑱ 193×3

㉓ 412×3

⑭ 311×7

⑲ 481×2

㉔ 823×2

⑮ 282×3

⑳ 411×8

㉕ 812×3

⑯ 834×2

㉑ 184×2

㉖ 264×2

⑰ 472×2

㉒ 731×2

㉗ 163×3

06 올림이 한 번 있는 (세 자리 수)×(한 자리 수)② B

○ 511 × 6의 계산

$$\begin{aligned} 1 \times 6 &= 6 \\ 10 \times 6 &= 60 \\ 500 \times 6 &= 3000 \\ \hline 511 \times 6 &= 3066 \end{aligned}$$

➡ 511을 일의 자리, 십의 자리, 백의 자리로 나누어 6과 곱한 후 모두 더합니다.

원리 비법 일의 자리, 십의 자리, 백의 자리로 **나누어** 계산해!

□ 인에 알맞은 수를 써넣으세요.

❶
2×3=□
10×3=□
900×3=□
912×3=□

❷
3×2=□
90×2=□
400×2=□
493×2=□

❸
4×2=□
30×2=□
700×2=□
734×2=□

❹
2×3=□
40×3=□
200×3=□
242×3=□

❺
1×9=□
10×9=□
200×9=□
211×9=□

❻
3×2=□
80×2=□
200×2=□
283×2=□

❼
1×2=□
10×2=□
800×2=□
811×2=□

❽
2×3=□
30×3=□
500×3=□
532×3=□

❾
1×3=□
10×3=□
500×3=□
511×3=□

정답 93쪽

공부한 날짜	맞힌 개수	걸린 시간
월 일	/30	분

곱셈을 하세요.

⑩ 832 × 3

⑪ 482 × 2

⑫ 831 × 3

⑬ 371 × 2

⑭ 621 × 3

⑮ 631 × 2

⑯ 622 × 2

⑰ 622 × 4

⑱ 142 × 3

⑲ 372 × 2

⑳ 433 × 3

㉑ 311 × 9

㉒ 161 × 4

㉓ 242 × 3

㉔ 284 × 2

㉕ 911 × 7

㉖ 612 × 3

㉗ 451 × 2

㉘ 841 × 2

㉙ 831 × 3

㉚ 821 × 4

07 올림이 여러 번 있는 (세 자리 수)×(한 자리 수) A

○ 278 × 4의 계산

$$\begin{array}{r} {\scriptstyle 3}\quad \\ 2\,7\,8 \\ \times\quad 4 \\ \hline 2 \end{array} \Rightarrow \begin{array}{r} {\scriptstyle 3\;3}\quad \\ 2\,7\,8 \\ \times\quad 4 \\ \hline 1\,2 \end{array} \Rightarrow \begin{array}{r} {\scriptstyle 3\;3}\quad \\ 2\,7\,8 \\ \times\quad 4 \\ \hline 1\,1\,1\,2 \end{array}$$

$8 \times 4 = 32$　　$7 \times 4 + 3 = 31$　　$2 \times 4 + 3 = 11$

① 8 × 4 = 32에서 30을 십의 자리로 올립합니다.

② 70 × 4 + 30 = 310에서 300을 백의 자리로 올림합니다.

원리 비법 **일의 자리부터** 순서대로 곱해 줘!

곱셈을 하세요.

❶ $\begin{array}{r} 4\,9\,7 \\ \times\quad 2 \\ \hline \end{array}$

❷ $\begin{array}{r} 1\,2\,5 \\ \times\quad 5 \\ \hline \end{array}$

❸ $\begin{array}{r} 3\,9\,7 \\ \times\quad 3 \\ \hline \end{array}$

❹ $\begin{array}{r} 3\,4\,5 \\ \times\quad 3 \\ \hline \end{array}$

❺ $\begin{array}{r} 5\,3\,7 \\ \times\quad 2 \\ \hline \end{array}$

❻ $\begin{array}{r} 7\,1\,4 \\ \times\quad 4 \\ \hline \end{array}$

❼ $\begin{array}{r} 2\,1\,2 \\ \times\quad 8 \\ \hline \end{array}$

❽ $\begin{array}{r} 8\,4\,8 \\ \times\quad 2 \\ \hline \end{array}$

❾ $\begin{array}{r} 7\,9\,4 \\ \times\quad 2 \\ \hline \end{array}$

❿ $\begin{array}{r} 9\,5\,1 \\ \times\quad 7 \\ \hline \end{array}$

⓫ $\begin{array}{r} 8\,9\,4 \\ \times\quad 2 \\ \hline \end{array}$

⓬ $\begin{array}{r} 3\,3\,2 \\ \times\quad 4 \\ \hline \end{array}$

정답 93쪽

공부한 날짜	맞힌 개수	걸린 시간
월 일	/27	분

곱셈을 하세요.

13. $$\begin{array}{r} 297 \\ \times \quad 4 \\ \hline \end{array}$$

14. $$\begin{array}{r} 357 \\ \times \quad 3 \\ \hline \end{array}$$

15. $$\begin{array}{r} 299 \\ \times \quad 3 \\ \hline \end{array}$$

16. $$\begin{array}{r} 133 \\ \times \quad 8 \\ \hline \end{array}$$

17. $$\begin{array}{r} 456 \\ \times \quad 2 \\ \hline \end{array}$$

18. $$\begin{array}{r} 636 \\ \times \quad 3 \\ \hline \end{array}$$

19. $$\begin{array}{r} 813 \\ \times \quad 8 \\ \hline \end{array}$$

20. $$\begin{array}{r} 313 \\ \times \quad 7 \\ \hline \end{array}$$

21. $$\begin{array}{r} 948 \\ \times \quad 2 \\ \hline \end{array}$$

22. $$\begin{array}{r} 613 \\ \times \quad 8 \\ \hline \end{array}$$

23. $$\begin{array}{r} 694 \\ \times \quad 2 \\ \hline \end{array}$$

24. $$\begin{array}{r} 831 \\ \times \quad 9 \\ \hline \end{array}$$

25. $$\begin{array}{r} 674 \\ \times \quad 2 \\ \hline \end{array}$$

26. $$\begin{array}{r} 452 \\ \times \quad 4 \\ \hline \end{array}$$

27. $$\begin{array}{r} 994 \\ \times \quad 2 \\ \hline \end{array}$$

08 올림이 여러 번 있는 (세 자리 수)×(한 자리 수) B

○154 × 5의 계산

$4 \times 5 = 20$
$50 \times 5 = 250$
$100 \times 5 = 500$
$154 \times 5 = 770$

➡ 154를 일의 자리, 십의 자리, 백의 자리로 나누어 5와 곱한 후 모두 더합니다.

원리 비법 일의 자리, 십의 자리, 백의 자리로 **나누어** 계산해!

□ 안에 알맞은 수를 써넣으세요.

❶
$4 \times 3 = \square$
$80 \times 3 = \square$
$300 \times 3 = \square$
$384 \times 3 = \square$

❹
$6 \times 7 = \square$
$10 \times 7 = \square$
$300 \times 7 = \square$
$316 \times 7 = \square$

❼
$2 \times 4 = \square$
$70 \times 4 = \square$
$700 \times 4 = \square$
$772 \times 4 = \square$

❷
$3 \times 5 = \square$
$60 \times 5 = \square$
$100 \times 5 = \square$
$163 \times 5 = \square$

❺
$8 \times 3 = \square$
$30 \times 3 = \square$
$900 \times 3 = \square$
$938 \times 3 = \square$

❽
$3 \times 2 = \square$
$70 \times 2 = \square$
$800 \times 2 = \square$
$873 \times 2 = \square$

❸
$8 \times 3 = \square$
$50 \times 3 = \square$
$200 \times 3 = \square$
$258 \times 3 = \square$

❻
$7 \times 4 = \square$
$20 \times 4 = \square$
$400 \times 4 = \square$
$427 \times 4 = \square$

❾
$1 \times 9 = \square$
$30 \times 9 = \square$
$500 \times 9 = \square$
$531 \times 9 = \square$

정답 93쪽

공부한 날짜	맞힌 개수	걸린 시간
월 일	/30	분

곱셈을 하세요.

⑩ 489×2

⑰ 213×8

㉔ 653×3

⑪ 257×2

⑱ 546×2

㉕ 773×3

⑫ 355×2

⑲ 424×4

㉖ 891×6

⑬ 173×5

⑳ 323×4

㉗ 564×2

⑭ 398×2

㉑ 526×4

㉘ 461×8

⑮ 283×4

㉒ 627×2

㉙ 942×4

⑯ 394×3

㉓ 429×3

㉚ 483×3

09 (몇십)×(몇십) A

30 × 40의 계산

$3 \times 4 = 12$ ➡ $30 \times 40 = 1200$ (10배, 10배, 100배)

➡ 30 × 40의 계산은 3 × 4의 계산 결과에 100을 곱합니다.

원리 비법 (몇) × (몇)의 계산 결과에 **100을 곱해**!

□ 안에 알맞은 수를 써넣으세요.

1. $2 \times 5 = 10$ ➡ $20 \times 50 = \square$ (10배, 10배, 100배)

2. $8 \times 6 = 48$ ➡ $80 \times 60 = \square$ (10배, 10배, 100배)

3. $2 \times 7 = 14$ ➡ $20 \times 70 = \square$ (10배, 10배, 100배)

4. $5 \times 2 = 10$ ➡ $50 \times 20 = \square$ (10배, 10배, 100배)

5. $9 \times 3 = 27$ ➡ $90 \times 30 = \square$ (10배, 10배, 100배)

6. $4 \times 4 = 16$ ➡ $40 \times 40 = \square$ (10배, 10배, 100배)

7. $7 \times 5 = 35$ ➡ $70 \times 50 = \square$ (10배, 10배, 100배)

8. $6 \times 9 = 54$ ➡ $60 \times 90 = \square$ (10배, 10배, 100배)

정답 94쪽

공부한 날짜	맞힌 개수	걸린 시간
월 일	/29	분

곱셈을 하세요.

⑨ 40×90

⑩ 70×30

⑪ 50×60

⑫ 60×50

⑬ 30×80

⑭ 20×90

⑮ 40×70

⑯ 30×60

⑰ 20×20

⑱ 20×80

⑲ 80×50

⑳ 40×20

㉑ 90×70

㉒ 40×10

㉓ 60×20

㉔ 50×70

㉕ 30×20

㉖ 60×40

㉗ 80×80

㉘ 70×70

㉙ 30×70

10 (몇십)×(몇십) B

20 × 30의 계산

$$\begin{array}{r} 20 \\ \times\ 30 \\ \hline \end{array} \rightarrow \begin{array}{r} 20 \\ \times\ 30 \\ \hline 600 \end{array}$$

① 일의 자리가 모두 0이므로 십의 자리 2 × 3을 계산합니다.
② 계산 결과 뒤에 0을 두 개 내려 씁니다.

원리 비법 (몇십) × (몇십)의 계산은 **십의 자리 계산만** 하면 돼!

곱셈을 하세요.

❶ $\begin{array}{r} 60 \\ \times\ 50 \\ \hline \end{array}$

❷ $\begin{array}{r} 30 \\ \times\ 90 \\ \hline \end{array}$

❸ $\begin{array}{r} 70 \\ \times\ 20 \\ \hline \end{array}$

❹ $\begin{array}{r} 50 \\ \times\ 30 \\ \hline \end{array}$

❺ $\begin{array}{r} 80 \\ \times\ 20 \\ \hline \end{array}$

❻ $\begin{array}{r} 60 \\ \times\ 70 \\ \hline \end{array}$

❼ $\begin{array}{r} 90 \\ \times\ 50 \\ \hline \end{array}$

❽ $\begin{array}{r} 70 \\ \times\ 70 \\ \hline \end{array}$

❾ $\begin{array}{r} 40 \\ \times\ 40 \\ \hline \end{array}$

❿ $\begin{array}{r} 80 \\ \times\ 30 \\ \hline \end{array}$

⓫ $\begin{array}{r} 20 \\ \times\ 60 \\ \hline \end{array}$

⓬ $\begin{array}{r} 90 \\ \times\ 10 \\ \hline \end{array}$

정답 94쪽

공부한 날짜	맞힌 개수	걸린 시간
월 일	/27	분

곱셈을 하세요.

⑬ $\begin{array}{r} 20 \\ \times\ 40 \\ \hline \end{array}$

⑭ $\begin{array}{r} 70 \\ \times\ 30 \\ \hline \end{array}$

⑮ $\begin{array}{r} 50 \\ \times\ 50 \\ \hline \end{array}$

⑯ $\begin{array}{r} 80 \\ \times\ 40 \\ \hline \end{array}$

⑰ $\begin{array}{r} 80 \\ \times\ 70 \\ \hline \end{array}$

⑱ $\begin{array}{r} 60 \\ \times\ 80 \\ \hline \end{array}$

⑲ $\begin{array}{r} 90 \\ \times\ 80 \\ \hline \end{array}$

⑳ $\begin{array}{r} 40 \\ \times\ 90 \\ \hline \end{array}$

㉑ $\begin{array}{r} 30 \\ \times\ 50 \\ \hline \end{array}$

㉒ $\begin{array}{r} 30 \\ \times\ 30 \\ \hline \end{array}$

㉓ $\begin{array}{r} 70 \\ \times\ 90 \\ \hline \end{array}$

㉔ $\begin{array}{r} 40 \\ \times\ 70 \\ \hline \end{array}$

㉕ $\begin{array}{r} 60 \\ \times\ 60 \\ \hline \end{array}$

㉖ $\begin{array}{r} 50 \\ \times\ 80 \\ \hline \end{array}$

㉗ $\begin{array}{r} 90 \\ \times\ 30 \\ \hline \end{array}$

11 (몇십몇)×(몇십) A

○ 24 × 30의 계산

24 × 3 = 72 ➡ 24 × 30 = 720 (3 → 30: 10배, 72 → 720: 10배)

➡ 24 × 30의 계산은 24 × 3의 계산 결과에 10을 곱합니다.

원리 비법 (몇십몇) × (몇)을 먼저 곱한 다음 **10을 곱해!**

□ 안에 알맞은 수를 써넣으세요.

❶ 85×3=255 ➡ 85×□=□ (10배, 10배)

❷ 21×8=168 ➡ 21×□=□ (10배, 10배)

❸ 99×3=297 ➡ 99×□=□ (10배, 10배)

❹ 34×4=136 ➡ 34×□=□ (10배, 10배)

❺ 86×6=516 ➡ 86×□=□ (10배, 10배)

❻ 42×7=294 ➡ 42×□=□ (10배, 10배)

❼ 57×8=456 ➡ 57×□=□ (10배, 10배)

❽ 74×4=296 ➡ 74×□=□ (10배, 10배)

❾ 94×6=564 ➡ 94×□=□ (10배, 10배)

❿ 69×3=207 ➡ 69×□=□ (10배, 10배)

정답 94쪽

공부한 날짜	맞힌 개수	걸린 시간
월 일	/31	분

곱셈을 하세요.

⑪ 81×70

⑱ 43×30

㉕ 92×60

⑫ 56×70

⑲ 22×70

㉖ 64×20

⑬ 29×20

⑳ 67×80

㉗ 58×80

⑭ 44×50

㉑ 35×70

㉘ 75×40

⑮ 73×20

㉒ 86×20

㉙ 49×30

⑯ 57×40

㉓ 33×90

㉚ 36×60

⑰ 69×60

㉔ 78×90

㉛ 26×20

12 (몇십몇)×(몇십) B

31 × 30의 계산

$$\begin{array}{r} 31 \\ \times\ 30 \\ \hline \end{array} \Rightarrow \begin{array}{r} 31 \\ \times\ 30 \\ \hline 930 \end{array}$$

① 곱하는 수의 일의 자리가 0이므로 31 × 3을 계산합니다.

② 계산 결과 뒤에 0을 한 개 내려 씁니다.

원리 비법 (몇십몇) × (몇)의 계산 결과 뒤에 **0을 하나** 붙여!

곱셈을 하세요.

1. $\begin{array}{r} 67 \\ \times\ 40 \\ \hline \end{array}$

2. $\begin{array}{r} 39 \\ \times\ 30 \\ \hline \end{array}$

3. $\begin{array}{r} 68 \\ \times\ 70 \\ \hline \end{array}$

4. $\begin{array}{r} 84 \\ \times\ 50 \\ \hline \end{array}$

5. $\begin{array}{r} 99 \\ \times\ 60 \\ \hline \end{array}$

6. $\begin{array}{r} 93 \\ \times\ 60 \\ \hline \end{array}$

7. $\begin{array}{r} 77 \\ \times\ 40 \\ \hline \end{array}$

8. $\begin{array}{r} 58 \\ \times\ 60 \\ \hline \end{array}$

9. $\begin{array}{r} 46 \\ \times\ 50 \\ \hline \end{array}$

10. $\begin{array}{r} 85 \\ \times\ 80 \\ \hline \end{array}$

11. $\begin{array}{r} 22 \\ \times\ 30 \\ \hline \end{array}$

12. $\begin{array}{r} 75 \\ \times\ 70 \\ \hline \end{array}$

정답 94쪽

공부한 날짜	맞힌 개수	걸린 시간
월 일	/27	분

곱셈을 하세요.

⑬ 87×30

⑱ 56×40

㉓ 29×50

⑭ 43×50

⑲ 66×50

㉔ 54×60

⑮ 97×20

⑳ 74×70

㉕ 63×20

⑯ 28×30

㉑ 83×20

㉖ 62×80

⑰ 96×60

㉒ 76×70

㉗ 32×30

13 (몇)×(몇십몇) A

○7 × 15의 계산

$$\begin{array}{r} {}^{3}7 \\ \times\ 1\ 5 \\ \hline 5 \end{array} \Rightarrow \begin{array}{r} {}^{3}7 \\ \times\ 1\ 5 \\ \hline 1\ 0\ 5 \end{array}$$

7 × 5 = 35 / 7 × 1 + 3 = 10

① 7 × 5 = 35에서 30을 십의 자리로 올림합니다.
② 7 × 10의 계산 결과에 올림한 30을 더합니다.

원리 비법 10이거나 10이 넘으면 **올림**해!

곱셈을 하세요.

❶ $\begin{array}{r} 2 \\ \times\ 87 \\ \hline \end{array}$

❷ $\begin{array}{r} 4 \\ \times\ 84 \\ \hline \end{array}$

❸ $\begin{array}{r} 4 \\ \times\ 55 \\ \hline \end{array}$

❹ $\begin{array}{r} 3 \\ \times\ 97 \\ \hline \end{array}$

❺ $\begin{array}{r} 4 \\ \times\ 64 \\ \hline \end{array}$

❻ $\begin{array}{r} 8 \\ \times\ 87 \\ \hline \end{array}$

❼ $\begin{array}{r} 6 \\ \times\ 59 \\ \hline \end{array}$

❽ $\begin{array}{r} 3 \\ \times\ 86 \\ \hline \end{array}$

❾ $\begin{array}{r} 2 \\ \times\ 22 \\ \hline \end{array}$

❿ $\begin{array}{r} 5 \\ \times\ 75 \\ \hline \end{array}$

⓫ $\begin{array}{r} 3 \\ \times\ 75 \\ \hline \end{array}$

⓬ $\begin{array}{r} 9 \\ \times\ 45 \\ \hline \end{array}$

정답 95쪽

공부한 날짜	맞힌 개수	걸린 시간
월 일	/27	분

곱셈을 하세요.

⑬ $\begin{array}{r} 9 \\ \times\ 25 \\ \hline \end{array}$

⑱ $\begin{array}{r} 6 \\ \times\ 47 \\ \hline \end{array}$

㉓ $\begin{array}{r} 7 \\ \times\ 99 \\ \hline \end{array}$

⑭ $\begin{array}{r} 2 \\ \times\ 67 \\ \hline \end{array}$

⑲ $\begin{array}{r} 5 \\ \times\ 35 \\ \hline \end{array}$

㉔ $\begin{array}{r} 9 \\ \times\ 38 \\ \hline \end{array}$

⑮ $\begin{array}{r} 4 \\ \times\ 85 \\ \hline \end{array}$

⑳ $\begin{array}{r} 8 \\ \times\ 54 \\ \hline \end{array}$

㉕ $\begin{array}{r} 1 \\ \times\ 24 \\ \hline \end{array}$

⑯ $\begin{array}{r} 5 \\ \times\ 57 \\ \hline \end{array}$

㉑ $\begin{array}{r} 3 \\ \times\ 45 \\ \hline \end{array}$

㉖ $\begin{array}{r} 7 \\ \times\ 79 \\ \hline \end{array}$

⑰ $\begin{array}{r} 6 \\ \times\ 73 \\ \hline \end{array}$

㉒ $\begin{array}{r} 8 \\ \times\ 82 \\ \hline \end{array}$

㉗ $\begin{array}{r} 4 \\ \times\ 92 \\ \hline \end{array}$

14 (몇)×(몇십몇) B

○ 6 × 28의 계산

$$\begin{array}{l} 6 \times 8 = 48 \\ 6 \times 20 = 120 \\ \hline 6 \times 28 = 168 \end{array}$$

➡ 28을 일의 자리, 십의 자리로 나누어 6과 곱한 후 모두 더합니다.

원리 비법 몇십몇을 일의 자리, 십의 자리로 **나누어** 계산해!

□ 안에 알맞은 수를 써넣으세요.

❶
$6 \times 3 = \square$
$6 \times 40 = \square$
$6 \times 43 = \square$

❷
$9 \times 2 = \square$
$9 \times 90 = \square$
$9 \times 92 = \square$

❸
$5 \times 2 = \square$
$5 \times 20 = \square$
$5 \times 22 = \square$

❹
$7 \times 3 = \square$
$7 \times 50 = \square$
$7 \times 53 = \square$

❺
$9 \times 7 = \square$
$9 \times 60 = \square$
$9 \times 67 = \square$

❻
$8 \times 7 = \square$
$8 \times 70 = \square$
$8 \times 77 = \square$

❼
$7 \times 5 = \square$
$7 \times 60 = \square$
$7 \times 65 = \square$

❽
$5 \times 3 = \square$
$5 \times 80 = \square$
$5 \times 83 = \square$

❾
$6 \times 8 = \square$
$6 \times 20 = \square$
$6 \times 28 = \square$

❿
$8 \times 6 = \square$
$8 \times 50 = \square$
$8 \times 56 = \square$

⓫
$5 \times 4 = \square$
$5 \times 90 = \square$
$5 \times 94 = \square$

⓬
$5 \times 7 = \square$
$5 \times 30 = \square$
$5 \times 37 = \square$

➲ 정답 95쪽

공부한 날짜	맞힌 개수	걸린 시간
월 일	/33	분

곱셈을 하세요.

⑬ 7×29

⑳ 8×84

㉗ 4×63

⑭ 6×56

㉑ 4×45

㉘ 6×32

⑮ 3×38

㉒ 6×76

㉙ 8×36

⑯ 4×82

㉓ 7×25

㉚ 4×72

⑰ 3×48

㉔ 3×96

㉛ 2×52

⑱ 8×99

㉕ 8×68

㉜ 9×28

⑲ 2×36

㉖ 5×79

㉝ 2×59

15 올림이 한 번 있는 (몇십몇)×(몇십몇) A

○ 14 × 25의 계산

$$\begin{array}{r} \scriptstyle 2 \\ 14 \\ \times\ 25 \\ \hline ①\ 70 \end{array} \Rightarrow \begin{array}{r} 14 \\ \times\ 25 \\ \hline 70 \\ ②\ 280 \end{array} \Rightarrow \begin{array}{r} 14 \\ \times\ 25 \\ \hline 70 \\ 280 \\ \hline ③\ 350 \end{array}$$

① 14 × 5 = 70
② 14 × 20 = 280
③ 70 + 280 = 350
└ ① + ②

원리 비법 **자릿수의 위치**가 바뀌면 계산 결과가 달라져!

곱셈을 하세요.

❶ $\begin{array}{r} 24 \\ \times\ 23 \\ \hline \end{array}$

❷ $\begin{array}{r} 12 \\ \times\ 37 \\ \hline \end{array}$

❸ $\begin{array}{r} 17 \\ \times\ 15 \\ \hline \end{array}$

❹ $\begin{array}{r} 15 \\ \times\ 16 \\ \hline \end{array}$

❺ $\begin{array}{r} 13 \\ \times\ 15 \\ \hline \end{array}$

❻ $\begin{array}{r} 19 \\ \times\ 19 \\ \hline \end{array}$

❼ $\begin{array}{r} 39 \\ \times\ 12 \\ \hline \end{array}$

❽ $\begin{array}{r} 14 \\ \times\ 27 \\ \hline \end{array}$

❾ $\begin{array}{r} 18 \\ \times\ 14 \\ \hline \end{array}$

❿ $\begin{array}{r} 48 \\ \times\ 12 \\ \hline \end{array}$

⓫ $\begin{array}{r} 17 \\ \times\ 13 \\ \hline \end{array}$

⓬ $\begin{array}{r} 28 \\ \times\ 12 \\ \hline \end{array}$

정답 95쪽

공부한 날짜	맞힌 개수	걸린 시간
월 일	/27	분

곱셈을 하세요.

⑬ $\begin{array}{r} 81 \\ \times\ 18 \\ \hline \end{array}$

⑭ $\begin{array}{r} 41 \\ \times\ 16 \\ \hline \end{array}$

⑮ $\begin{array}{r} 31 \\ \times\ 35 \\ \hline \end{array}$

⑯ $\begin{array}{r} 81 \\ \times\ 15 \\ \hline \end{array}$

⑰ $\begin{array}{r} 21 \\ \times\ 19 \\ \hline \end{array}$

⑱ $\begin{array}{r} 21 \\ \times\ 38 \\ \hline \end{array}$

⑲ $\begin{array}{r} 53 \\ \times\ 12 \\ \hline \end{array}$

⑳ $\begin{array}{r} 61 \\ \times\ 19 \\ \hline \end{array}$

㉑ $\begin{array}{r} 71 \\ \times\ 16 \\ \hline \end{array}$

㉒ $\begin{array}{r} 51 \\ \times\ 17 \\ \hline \end{array}$

㉓ $\begin{array}{r} 71 \\ \times\ 14 \\ \hline \end{array}$

㉔ $\begin{array}{r} 31 \\ \times\ 28 \\ \hline \end{array}$

㉕ $\begin{array}{r} 91 \\ \times\ 16 \\ \hline \end{array}$

㉖ $\begin{array}{r} 41 \\ \times\ 28 \\ \hline \end{array}$

㉗ $\begin{array}{r} 91 \\ \times\ 18 \\ \hline \end{array}$

16 올림이 한 번 있는 (몇십몇)×(몇십몇) B

○ 28 × 13의 계산

28 × 13 = 28 × 10 + 28 × 3
= 280 + 84
= 364

➡ 13을 10과 3으로 나누어 28과 곱한 후 모두 더합니다.

원리 비법 곱하는 수를 **몇십과 몇**으로 나누어 계산해!

□ 안에 알맞은 수를 써넣으세요.

❶ 45 × 12 = 45 × 10 + 45 × □
= 450 + □
= □

❷ 14 × 25 = 14 × 20 + 14 × □
= 280 + □
= □

❸ 17 × 14 = 17 × 10 + 17 × □
= 170 + □
= □

❹ 25 × 13 = 25 × 10 + 25 × □
= 250 + □
= □

❺ 19 × 15 = 19 × 10 + 19 × □
= 190 + □
= □

❻ 13 × 36 = 13 × 30 + 13 × □
= 390 + □
= □

❼ 38 × 12 = 38 × 10 + 38 × □
= 380 + □
= □

❽ 16 × 13 = 16 × 10 + 16 × □
= 160 + □
= □

정답 95쪽

공부한 날짜	맞힌 개수	걸린 시간
월 일	/29	분

곱셈을 하세요.

⑨ 31×27

⑩ 71×13

⑪ 41×18

⑫ 81×16

⑬ 21×46

⑭ 91×15

⑮ 31×34

⑯ 62×13

⑰ 21×26

⑱ 52×13

⑲ 51×16

⑳ 41×24

㉑ 61×16

㉒ 92×13

㉓ 41×14

㉔ 81×14

㉕ 31×25

㉖ 71×18

㉗ 61×18

㉘ 21×29

㉙ 61×12

17 올림이 여러 번 있는 (몇십몇)×(몇십몇) A

57 × 36의 계산

```
     4            2
    5 7          5 7          5 7
  × 3 6  ➡     × 3 6  ➡     × 3 6
① 3 4 2        3 4 2        3 4 2
           ② 1 7 1 0      1 7 1 0
                        ③ 2 0 5 2
```

① 57 × 6=342
② 57 × 30=1710
③ 342+1710=2052
└ ①+②

원리 비법 **자릿수의 위치**가 바뀌면 계산 결과가 달라져!

곱셈을 하세요.

❶ 46 × 95

❷ 13 × 78

❸ 38 × 72

❹ 82 × 78

❺ 69 × 67

❻ 86 × 94

❼ 97 × 43

❽ 24 × 46

❾ 18 × 33

❿ 76 × 64

⓫ 53 × 78

⓬ 93 × 77

정답 96쪽

공부한 날짜	맞힌 개수	걸린 시간
월 일	/27	분

곱셈을 하세요.

⑬ $\begin{array}{r} 62 \\ \times\ 98 \\ \hline \end{array}$

⑭ $\begin{array}{r} 14 \\ \times\ 75 \\ \hline \end{array}$

⑮ $\begin{array}{r} 84 \\ \times\ 45 \\ \hline \end{array}$

⑯ $\begin{array}{r} 68 \\ \times\ 25 \\ \hline \end{array}$

⑰ $\begin{array}{r} 58 \\ \times\ 33 \\ \hline \end{array}$

⑱ $\begin{array}{r} 48 \\ \times\ 54 \\ \hline \end{array}$

⑲ $\begin{array}{r} 95 \\ \times\ 54 \\ \hline \end{array}$

⑳ $\begin{array}{r} 74 \\ \times\ 33 \\ \hline \end{array}$

㉑ $\begin{array}{r} 16 \\ \times\ 43 \\ \hline \end{array}$

㉒ $\begin{array}{r} 92 \\ \times\ 87 \\ \hline \end{array}$

㉓ $\begin{array}{r} 25 \\ \times\ 45 \\ \hline \end{array}$

㉔ $\begin{array}{r} 86 \\ \times\ 83 \\ \hline \end{array}$

㉕ $\begin{array}{r} 78 \\ \times\ 77 \\ \hline \end{array}$

㉖ $\begin{array}{r} 55 \\ \times\ 55 \\ \hline \end{array}$

㉗ $\begin{array}{r} 38 \\ \times\ 83 \\ \hline \end{array}$

18 올림이 여러 번 있는 (몇십몇)×(몇십몇) B

79 × 46의 계산

$$79 \times 46 = 79 \times 40 + 79 \times 6$$
$$= 3160 + 474$$
$$= 3634$$

• 46을 40과 6으로 나누어 79와 곱한 후 모두 더합니다.

원리 비법 곱하는 수를 **몇십과 몇**으로 나누어 계산해!

□ 안에 알맞은 수를 써넣으세요.

❶ $15 \times 96 = 15 \times 90 + 15 \times \square$
$= 1350 + \square$
$= \square$

❷ $39 \times 53 = 39 \times 50 + 39 \times \square$
$= 1950 + \square$
$= \square$

❸ $72 \times 55 = 72 \times 50 + 72 \times \square$
$= 3600 + \square$
$= \square$

❹ $22 \times 88 = 22 \times 80 + 22 \times \square$
$= 1760 + \square$
$= \square$

❺ $46 \times 86 = 46 \times 80 + 46 \times \square$
$= 3680 + \square$
$= \square$

❻ $63 \times 85 = 63 \times 80 + 63 \times \square$
$= 5040 + \square$
$= \square$

❼ $55 \times 96 = 55 \times 90 + 55 \times \square$
$= 4950 + \square$
$= \square$

❽ $85 \times 64 = 85 \times 60 + 85 \times \square$
$= 5100 + \square$
$= \square$

정답 96쪽

공부한 날짜	맞힌 개수	걸린 시간
월 일	/29	분

곱셈을 하세요.

⑨ 19×22

⑩ 24×56

⑪ 68×52

⑫ 48×43

⑬ 93×96

⑭ 32×58

⑮ 13×96

⑯ 85×75

⑰ 52×88

⑱ 72×97

⑲ 54×87

⑳ 29×99

㉑ 69×84

㉒ 76×89

㉓ 12×69

㉔ 96×43

㉕ 33×75

㉖ 92×68

㉗ 15×54

㉘ 67×36

㉙ 26×34

01 (몇십)÷(몇) A

90 ÷ 3의 계산

10배: 9 → 90, 3 → 30

9 ÷ 3 = 3 ➡ 90 ÷ 3 = 30

90 ÷ 3 = 30 ➡

$$\begin{array}{r} 30 \\ 3\overline{)90} \\ \underline{9} \\ 0 \end{array}$$

원리 비법 (몇) ÷ (몇)의 계산 결과 끝에 **0을 붙이면** 돼!

□ 안에 알맞은 수를 써넣으세요.

(각 문제: 10배 → 10배)

1. 6 ÷ 2 = 3 ➡ 60 ÷ 2 = □
2. 9 ÷ 3 = 3 ➡ 90 ÷ 3 = □
3. 4 ÷ 2 = 2 ➡ 40 ÷ 2 = □
4. 9 ÷ 9 = 1 ➡ 90 ÷ 9 = □
5. 8 ÷ 4 = 2 ➡ 80 ÷ 4 = □
6. 6 ÷ 3 = 2 ➡ 60 ÷ 3 = □
7. 8 ÷ 2 = 4 ➡ 80 ÷ 2 = □
8. 3 ÷ 3 = 1 ➡ 30 ÷ 3 = □
9. 2 ÷ 2 = 1 ➡ 20 ÷ 2 = □
10. 5 ÷ 5 = 1 ➡ 50 ÷ 5 = □

정답 97쪽

공부한 날짜	맞힌 개수	걸린 시간
월 일	/25	분

나눗셈을 하세요.

⑪ $6\overline{)60}$

⑫ $7\overline{)70}$

⑬ $2\overline{)60}$

⑭ $9\overline{)90}$

⑮ $2\overline{)40}$

⑯ $8\overline{)80}$

⑰ $3\overline{)90}$

⑱ $3\overline{)30}$

⑲ $3\overline{)60}$

⑳ $5\overline{)50}$

㉑ $4\overline{)40}$

㉒ $4\overline{)80}$

㉓ $2\overline{)80}$

㉔ $2\overline{)20}$

㉕ $3\overline{)90}$

02 (몇십)÷(몇) B

○50 ÷ 2의 계산

$$2\overline{)50} \Rightarrow \begin{array}{r} 2 \\ 2\overline{)50} \\ 4 \\ \hline 10 \end{array} \Rightarrow \begin{array}{r} 25 \\ 2\overline{)50} \\ 4 \\ \hline 10 \\ 10 \\ \hline 0 \end{array}$$

50 ÷ 2 = 25

2 × 25 = 50

➡ 나누는 수와 몫의 곱은 나누어지는 수가 되어야 합니다.

원리 비법 나누어지는 수의 **높은 자리부터** 차례로 나누어야 해!

◆ 나눗셈을 하세요.

❶ $5\overline{)60}$

❷ $2\overline{)50}$

❸ $2\overline{)70}$

❹ $5\overline{)80}$

❺ $5\overline{)90}$

❻ $2\overline{)30}$

❼ $5\overline{)70}$

❽ $6\overline{)90}$

❾ $2\overline{)90}$

❿ $6\overline{)90}$

⓫ $4\overline{)60}$

⓬ $5\overline{)60}$

정답 97쪽

공부한 날짜	맞힌 개수	걸린 시간
월 일	/30	분

나눗셈을 하세요.

⑬ $5\overline{)60}$

⑭ $2\overline{)90}$

⑮ $2\overline{)70}$

⑯ $4\overline{)60}$

⑰ $5\overline{)80}$

⑱ $4\overline{)60}$

⑲ $2\overline{)50}$

⑳ $5\overline{)80}$

㉑ $5\overline{)70}$

㉒ $2\overline{)90}$

㉓ $2\overline{)70}$

㉔ $2\overline{)30}$

㉕ $5\overline{)90}$

㉖ $2\overline{)30}$

㉗ $6\overline{)90}$

㉘ $5\overline{)60}$

㉙ $2\overline{)50}$

㉚ $5\overline{)90}$

03 나머지가 없고 내림이 없는 (몇십몇)÷(몇) A

○46 ÷ 2의 계산

$$2\overline{)46} \Rightarrow \begin{array}{r} 2 \\ 2\overline{)46} \\ \underline{4} \\ 6 \end{array} \Rightarrow \begin{array}{r} 23 \\ 2\overline{)46} \\ \underline{4} \\ 6 \\ \underline{6} \\ 0 \end{array}$$

46 ÷ 2 = 23

2 × 23 = 46

➡ 나누는 수와 몫의 곱은 나누어지는 수가 되어야 합니다.

원리 비법 나누어지는 수의 **높은 자리부터** 차례로 나누어야 해!

나눗셈을 하세요.

1. $3\overline{)66}$

2. $4\overline{)88}$

3. $2\overline{)28}$

4. $4\overline{)48}$

5. $2\overline{)64}$

6. $3\overline{)96}$

7. $2\overline{)42}$

8. $2\overline{)88}$

9. $2\overline{)86}$

10. $5\overline{)55}$

11. $3\overline{)36}$

12. $2\overline{)68}$

정답 97쪽

공부한 날짜	맞힌 개수	걸린 시간
월 일	/30	분

나눗셈을 하세요.

13. $2\overline{)82}$

14. $3\overline{)69}$

15. $7\overline{)77}$

16. $4\overline{)44}$

17. $4\overline{)84}$

18. $6\overline{)66}$

19. $2\overline{)46}$

20. $2\overline{)26}$

21. $2\overline{)24}$

22. $3\overline{)63}$

23. $2\overline{)84}$

24. $3\overline{)33}$

25. $2\overline{)48}$

26. $2\overline{)22}$

27. $3\overline{)93}$

28. $3\overline{)99}$

29. $2\overline{)62}$

30. $3\overline{)39}$

04 나머지가 없고 내림이 없는 (몇십몇)÷(몇) B

36 ÷ 3의 계산

$36 \div 3 = 12$

$3 \times 12 = 36$

(나누어지는 수) ÷ (나누는 수) = (몫)

➡ (나누는 수) × (몫) = (나누어지는 수)

원리 비법 나눗셈의 몫은 **곱셈을 이용**하여 구할 수 있어!

나눗셈을 하세요.

1. $66 \div 2$
2. $86 \div 2$
3. $96 \div 3$
4. $24 \div 2$
5. $36 \div 3$
6. $42 \div 2$
7. $63 \div 3$
8. $28 \div 2$
9. $46 \div 2$
10. $48 \div 4$
11. $82 \div 2$
12. $66 \div 3$
13. $55 \div 5$
14. $48 \div 2$
15. $69 \div 3$
16. $77 \div 7$
17. $62 \div 2$
18. $84 \div 4$

정답 97쪽

공부한 날짜	맞힌 개수	걸린 시간
월 일	/39	분

나눗셈을 하세요.

⑲ $44 \div 2$

⑳ $64 \div 2$

㉑ $99 \div 3$

㉒ $88 \div 4$

㉓ $93 \div 3$

㉔ $44 \div 4$

㉕ $86 \div 2$

㉖ $84 \div 2$

㉗ $22 \div 2$

㉘ $33 \div 3$

㉙ $99 \div 9$

㉚ $88 \div 2$

㉛ $46 \div 2$

㉜ $69 \div 3$

㉝ $88 \div 8$

㉞ $26 \div 2$

㉟ $68 \div 2$

㊱ $39 \div 3$

㊲ $66 \div 6$

㊳ $63 \div 3$

㊴ $24 \div 2$

05 나머지가 없고 내림이 있는 (몇십몇)÷(몇) A

57 ÷ 3의 계산

$$3\overline{)57} \Rightarrow \begin{array}{r} 1 \\ 3\overline{)57} \\ 3 \\ \hline 27 \end{array} \Rightarrow \begin{array}{r} 19 \\ 3\overline{)57} \\ 3 \\ \hline 27 \\ 27 \\ \hline 0 \end{array}$$

57 ÷ 3 = 19

3 × 19 = 57

➡ 나누는 수와 몫의 곱은 나누어지는 수가 되어야 합니다.

원리 비법 나누어지는 수의 **높은 자리부터** 차례로 나누어야 해!

나눗셈을 하세요.

❶ $3\overline{)42}$

❺ $3\overline{)84}$

❾ $2\overline{)94}$

❷ $3\overline{)78}$

❻ $2\overline{)36}$

❿ $4\overline{)56}$

❸ $4\overline{)96}$

❼ $4\overline{)72}$

⓫ $3\overline{)51}$

❹ $2\overline{)56}$

❽ $5\overline{)65}$

⓬ $2\overline{)74}$

정답 98쪽

공부한 날짜	맞힌 개수	걸린 시간
월 일	/30	분

나눗셈을 하세요.

⑬ $2\overline{)72}$

⑭ $3\overline{)57}$

⑮ $6\overline{)72}$

⑯ $2\overline{)58}$

⑰ $7\overline{)98}$

⑱ $3\overline{)72}$

⑲ $5\overline{)80}$

⑳ $3\overline{)48}$

㉑ $2\overline{)98}$

㉒ $5\overline{)95}$

㉓ $2\overline{)78}$

㉔ $2\overline{)96}$

㉕ $2\overline{)38}$

㉖ $2\overline{)52}$

㉗ $7\overline{)84}$

㉘ $4\overline{)64}$

㉙ $6\overline{)96}$

㉚ $3\overline{)87}$

06 나머지가 없고 내림이 있는 (몇십몇)÷(몇) B

○ 54 ÷ 2의 계산

54 ÷ 2 = 27

2 × 27 = 54

(나누어지는 수) ÷ (나누는 수) = (몫)

➡ (나누는 수) × (몫) = (나누어지는 수)

원리 비법 나눗셈의 몫은 **곱셈을 이용**하여 구할 수 있어!

나눗셈을 하세요.

❶ 58 ÷ 2

❷ 74 ÷ 2

❸ 80 ÷ 5

❹ 94 ÷ 2

❺ 54 ÷ 3

❻ 98 ÷ 7

❼ 56 ÷ 2

❽ 32 ÷ 2

❾ 72 ÷ 3

❿ 90 ÷ 6

⓫ 45 ÷ 3

⓬ 76 ÷ 4

⓭ 75 ÷ 5

⓮ 78 ÷ 3

⓯ 78 ÷ 2

⓰ 90 ÷ 5

⓱ 68 ÷ 4

⓲ 38 ÷ 2

정답 98쪽

공부한 날짜	맞힌 개수	걸린 시간
월 일	/39	분

나눗셈을 하세요.

⑲ $96 \div 6$

⑳ $56 \div 4$

㉑ $75 \div 3$

㉒ $95 \div 5$

㉓ $72 \div 6$

㉔ $64 \div 4$

㉕ $70 \div 5$

㉖ $60 \div 5$

㉗ $60 \div 4$

㉘ $54 \div 2$

㉙ $42 \div 3$

㉚ $92 \div 4$

㉛ $34 \div 2$

㉜ $98 \div 2$

㉝ $87 \div 3$

㉞ $36 \div 2$

㉟ $92 \div 2$

㊱ $84 \div 3$

㊲ $51 \div 3$

㊳ $96 \div 2$

㊴ $52 \div 2$

07 나머지가 있는 (몇십몇)÷(몇) A

65 ÷ 3의 계산

```
               2             2 1
3)6 5  ➡  3)6 5  ➡  3)6 5
               6             6
               ─             ─
                 5             5
                               3
                               ─
                               2
```

65 ÷ 3 = 21 ⋯ 2

3 × 21 = 63 ➡ 63 + 2 = 65

➡ 나누는 수와 몫의 곱에 나머지를 더하면 나누어지는 수가 되어야 합니다.

원리 비법 나누어지는 수의 **높은 자리**부터 차례로 나누어야 해!

나눗셈을 하세요.

❶ 4)77

❷ 6)25

❸ 3)31

❹ 3)89

❺ 7)16

❻ 8)68

❼ 3)95

❽ 7)19

❾ 4)59

❿ 5)42

⓫ 5)28

⓬ 9)88

정답 98쪽

공부한 날짜	맞힌 개수	걸린 시간
월 일	/30	분

나눗셈을 하세요.

13. $7\overline{)23}$

14. $7\overline{)82}$

15. $2\overline{)55}$

16. $4\overline{)13}$

17. $2\overline{)79}$

18. $7\overline{)85}$

19. $4\overline{)99}$

20. $2\overline{)45}$

21. $5\overline{)64}$

22. $8\overline{)98}$

23. $3\overline{)52}$

24. $2\overline{)27}$

25. $4\overline{)46}$

26. $5\overline{)72}$

27. $2\overline{)31}$

28. $4\overline{)74}$

29. $7\overline{)33}$

30. $4\overline{)66}$

08 나머지가 있는 (몇십몇)÷(몇) B

○ 47 ÷ 3의 계산

47 ÷ 3 = 15 ⋯ 2

3 × 15 = 45 ➡ 45 + 2 = 47

(나누어지는 수) ÷ (나누는 수) = (몫) ⋯ (나머지)

➡ 나누는 수와 몫의 곱에 나머지를 더하면 나누어지는 수가 됩니다.

원리 비법 나눗셈의 몫은 **곱셈을 이용**하여 구할 수 있어!

◆ 나눗셈을 하세요.

❶ 28 ÷ 6

❷ 67 ÷ 6

❸ 43 ÷ 6

❹ 87 ÷ 2

❺ 18 ÷ 7

❻ 57 ÷ 6

❼ 73 ÷ 3

❽ 15 ÷ 8

❾ 85 ÷ 4

❿ 93 ÷ 7

⓫ 77 ÷ 5

⓬ 36 ÷ 5

⓭ 39 ÷ 7

⓮ 74 ÷ 6

⓯ 23 ÷ 8

⓰ 46 ÷ 6

⓱ 63 ÷ 4

⓲ 97 ÷ 7

정답 98쪽

공부한 날짜	맞힌 개수	걸린 시간
월 일	/39	분

나눗셈을 하세요.

⑲ $94 \div 9$

⑳ $48 \div 9$

㉑ $83 \div 9$

㉒ $22 \div 5$

㉓ $26 \div 6$

㉔ $32 \div 5$

㉕ $78 \div 9$

㉖ $38 \div 4$

㉗ $65 \div 8$

㉘ $19 \div 9$

㉙ $92 \div 3$

㉚ $59 \div 5$

㉛ $88 \div 7$

㉜ $42 \div 4$

㉝ $75 \div 8$

㉞ $13 \div 5$

㉟ $55 \div 9$

㊱ $35 \div 3$

㊲ $29 \div 9$

㊳ $52 \div 3$

㊴ $62 \div 9$

09 나머지가 없는 (세 자리 수)÷(한 자리 수) A

○134 ÷ 2의 계산

$$2\overline{)134} \Rightarrow \begin{array}{r} 6 \\ 2\overline{)134} \\ 12 \\ \hline 14 \end{array} \Rightarrow \begin{array}{r} 67 \\ 2\overline{)134} \\ 12 \\ \hline 14 \\ 14 \\ \hline 0 \end{array}$$

134 ÷ 2 = 67

2 × 67 = 134

➡ 나누는 수와 몫의 곱은 나누어지는 수가 되어야 합니다.

원리 비법 나누어지는 수의 **높은 자리부터** 차례로 나누어야 해!

나눗셈을 하세요.

❶ $8\overline{)568}$

❷ $8\overline{)608}$

❸ $3\overline{)216}$

❹ $7\overline{)378}$

❺ $9\overline{)828}$

❻ $2\overline{)116}$

❼ $8\overline{)712}$

❽ $8\overline{)728}$

❾ $5\overline{)405}$

❿ $9\overline{)612}$

⓫ $4\overline{)344}$

⓬ $5\overline{)255}$

정답 99쪽

공부한 날짜	맞힌 개수	걸린 시간
월 일	/30	분

나눗셈을 하세요.

⑬ $8\overline{)664}$

⑲ $3\overline{)129}$

㉕ $8\overline{)768}$

⑭ $6\overline{)228}$

⑳ $8\overline{)744}$

㉖ $7\overline{)686}$

⑮ $9\overline{)504}$

㉑ $8\overline{)784}$

㉗ $8\overline{)152}$

⑯ $9\overline{)459}$

㉒ $9\overline{)801}$

㉘ $6\overline{)102}$

⑰ $9\overline{)855}$

㉓ $8\overline{)304}$

㉙ $9\overline{)648}$

⑱ $7\overline{)287}$

㉔ $8\overline{)512}$

㉚ $6\overline{)546}$

10 나머지가 없는 (세 자리 수)÷(한 자리 수) B

○668 ÷ 2의 계산

$$2\overline{)668} \Rightarrow \begin{array}{r} 3 \\ 2\overline{)668} \\ 6 \\ \hline 6 \end{array} \Rightarrow \begin{array}{r} 33 \\ 2\overline{)668} \\ 6 \\ \hline 6 \\ 6 \\ \hline 8 \end{array} \Rightarrow \begin{array}{r} 334 \\ 2\overline{)668} \\ 6 \\ \hline 6 \\ 6 \\ \hline 8 \\ 8 \\ \hline 0 \end{array}$$

668 ÷ 2 = 334

2 × 334 = 668

➡ 나누는 수와 몫의 곱은 나누어지는 수가 되어야 합니다.

원리 비법 나머지가 0이면 **나누어떨어진다**라고 해!

◆ 나눗셈을 하세요.

❶ $6\overline{)822}$

❷ $2\overline{)380}$

❸ $4\overline{)488}$

❹ $3\overline{)792}$

❺ $2\overline{)576}$

❻ $4\overline{)984}$

❼ $4\overline{)680}$

❽ $4\overline{)752}$

❾ $2\overline{)286}$

❿ $3\overline{)474}$

⓫ $4\overline{)888}$

⓬ $2\overline{)354}$

정답 99쪽

공부한 날짜	맞힌 개수	걸린 시간
월 일	/30	분

나눗셈을 하세요.

⑬ $4\overline{)664}$

⑲ $7\overline{)973}$

㉕ $8\overline{)968}$

⑭ $3\overline{)327}$

⑳ $2\overline{)896}$

㉖ $2\overline{)462}$

⑮ $4\overline{)584}$

㉑ $7\overline{)875}$

㉗ $7\overline{)721}$

⑯ $4\overline{)456}$

㉒ $2\overline{)254}$

㉘ $2\overline{)864}$

⑰ $4\overline{)428}$

㉓ $2\overline{)552}$

㉙ $6\overline{)672}$

⑱ $6\overline{)774}$

㉔ $3\overline{)663}$

㉚ $2\overline{)378}$

11 나머지가 있는 (세 자리 수)÷(한 자리 수) A

○ 337 ÷ 4의 계산

```
 4)3 3 7  ➡    8        ➡    8 4
            4)3 3 7       4)3 3 7
              3 2           3 2
              ───           ───
                1 7           1 7
                              1 6
                              ───
                                1
```

337 ÷ 4 = 84 ··· 1

4 × 84 = 336 ➡ 336 + 1 = 337

원리 비법 더 이상 **나눌 수 없을 때까지** 나눠야 해!

나눗셈을 하세요.

1. $9\overline{)721}$

2. $8\overline{)404}$

3. $7\overline{)215}$

4. $6\overline{)554}$

5. $5\overline{)108}$

6. $5\overline{)308}$

7. $9\overline{)623}$

8. $9\overline{)818}$

9. $9\overline{)508}$

10. $8\overline{)649}$

11. $8\overline{)483}$

12. $9\overline{)265}$

정답 99쪽

공부한 날짜	맞힌 개수	걸린 시간
월 일	/30	분

나눗셈을 하세요.

⑬ $9\overline{)329}$

⑭ $8\overline{)102}$

⑮ $5\overline{)452}$

⑯ $6\overline{)598}$

⑰ $9\overline{)804}$

⑱ $5\overline{)298}$

⑲ $8\overline{)625}$

⑳ $9\overline{)703}$

㉑ $7\overline{)531}$

㉒ $9\overline{)366}$

㉓ $7\overline{)607}$

㉔ $7\overline{)694}$

㉕ $3\overline{)227}$

㉖ $9\overline{)803}$

㉗ $7\overline{)412}$

㉘ $6\overline{)116}$

㉙ $9\overline{)789}$

㉚ $6\overline{)427}$

12 나머지가 있는 (세 자리 수) ÷ (한 자리 수) B

○ 746 ÷ 3의 계산

$$3\overline{)746} \Rightarrow \begin{array}{r} 2 \\ 3\overline{)746} \\ 6 \\ \hline 14 \end{array} \Rightarrow \begin{array}{r} 24 \\ 3\overline{)746} \\ 6 \\ \hline 14 \\ 12 \\ \hline 26 \end{array} \Rightarrow \begin{array}{r} 248 \\ 3\overline{)746} \\ 6 \\ \hline 14 \\ 12 \\ \hline 26 \\ 24 \\ \hline 2 \end{array}$$

$746 \div 3 = 248 \cdots 2$

$3 \times 248 = 744$

$\Rightarrow 744 + 2 = 746$

원리 비법 나머지는 항상 나누는 수보다 **작아**!

◆ 나눗셈을 하세요.

1. $2\overline{)383}$

2. $3\overline{)584}$

3. $3\overline{)517}$

4. $2\overline{)437}$

5. $2\overline{)645}$

6. $2\overline{)265}$

7. $5\overline{)776}$

8. $7\overline{)977}$

9. $4\overline{)670}$

10. $4\overline{)863}$

11. $4\overline{)475}$

12. $3\overline{)733}$

정답 99쪽

공부한 날짜	맞힌 개수	걸린 시간
월 일	/30	분

나눗셈을 하세요.

⑬ $6\overline{)751}$

⑲ $5\overline{)939}$

㉕ $3\overline{)484}$

⑭ $3\overline{)328}$

⑳ $5\overline{)699}$

㉖ $3\overline{)872}$

⑮ $7\overline{)888}$

㉑ $6\overline{)664}$

㉗ $2\overline{)391}$

⑯ $3\overline{)463}$

㉒ $3\overline{)955}$

㉘ $5\overline{)576}$

⑰ $5\overline{)619}$

㉓ $2\overline{)281}$

㉙ $9\overline{)969}$

⑱ $3\overline{)427}$

㉔ $2\overline{)783}$

㉚ $8\overline{)839}$

13 계산이 맞는지 확인하기 A

26 ÷ 4를 계산하고 맞는지 확인하기

① 세로셈으로 계산하기

$$\begin{array}{r} 6 \\ 4\overline{)\,26} \\ 24 \\ \hline 2 \end{array}$$

② 맞게 계산했는지 확인하기

26 ÷ 4 = 6 … 2

4 × 6 = 24 ➡ 24 + 2 = 26

원리 비법 **곱셈**으로 나눗셈의 계산이 맞는지 확인할 수 있어!

□ 안에 알맞은 수를 써넣으세요.

❶ 4) 1 9 = □ … □

➡ 4 × □ + □ = 19

❷ 6) 4 6 = □ … □

➡ 6 × □ + □ = 46

❸ 7) 2 4 = □ … □

➡ 7 × □ + □ = 24

❹ 8) 7 5 = □ … □

➡ 8 × □ + □ = 75

❺ 2) 1 1 = □ … □

➡ 2 × □ + □ = 11

❻ 9) 4 3 = □ … □

➡ 9 × □ + □ = 43

정답 100쪽

공부한 날짜	맞힌 개수	걸린 시간
월 일	/14	분

◆ □ 안에 알맞은 수를 써넣으세요.

❼ $4\overline{)26}$ → □…□

➡ $4 \times \square + \square = 26$

❽ $2\overline{)17}$ → □…□

➡ $2 \times \square + \square = 17$

❾ $5\overline{)42}$ → □…□

➡ $5 \times \square + \square = 42$

❿ $9\overline{)55}$ → □…□

➡ $9 \times \square + \square = 55$

⓫ $8\overline{)38}$ → □…□

➡ $8 \times \square + \square = 38$

⓬ $6\overline{)16}$ → □…□

➡ $6 \times \square + \square = 16$

⓭ $3\overline{)25}$ → □…□

➡ $3 \times \square + \square = 25$

⓮ $7\overline{)32}$ → □…□

➡ $7 \times \square + \square = 32$

01 분수로 나타내기 A

$\frac{1}{4}$ 알아보기

부분  은 전체 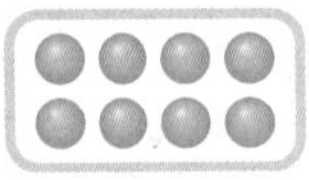 를 똑같이 4부분으로 나눈 것 중의 1입니다.

➡ $\frac{1}{4}$로 나타내고 4분의 1이라고 읽습니다.

원리 비법 분수는 전체 중에서 **부분**을 나타낸 거야!

□ 안에 알맞은 수를 써넣으세요.

❶ 부분  은 전체 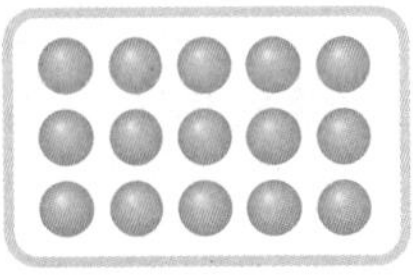 를 똑같이 5부분으로 나눈 것 중의 □입니다.

➡ $\frac{\square}{5}$

❷ 부분 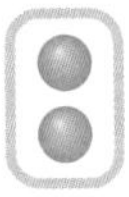 은 전체 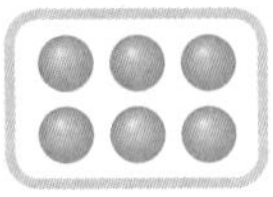 를 똑같이 3부분으로 나눈 것 중의 □입니다.

➡ $\frac{\square}{3}$

❸ 부분 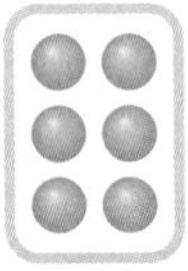 은 전체 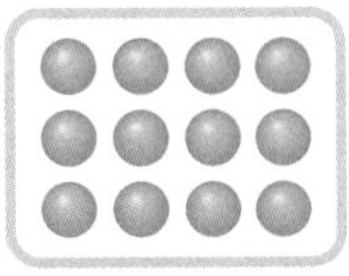 를 똑같이 2부분으로 나눈 것 중의 □입니다.

➡ $\frac{\square}{2}$

❹ 부분 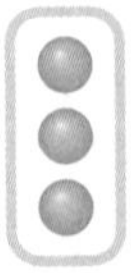 은 전체 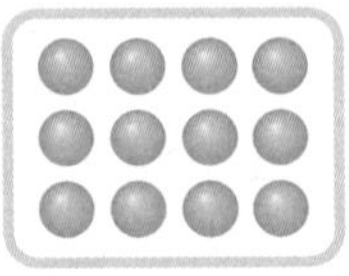 를 똑같이 4부분으로 나눈 것 중의 □입니다.

➡ $\frac{\square}{4}$

정답 101쪽

공부한 날짜	맞힌 개수	걸린 시간
월 일	/16	분

□ 안에 알맞은 수를 써넣으세요.

5 9부분으로 나눈 것 중의 7은

$\frac{\square}{\square}$입니다.

6 6부분으로 나눈 것 중의 4는

$\frac{\square}{\square}$입니다.

7 4부분으로 나눈 것 중의 3은

$\frac{\square}{\square}$입니다.

8 8부분으로 나눈 것 중의 3은

$\frac{\square}{\square}$입니다.

9 6부분으로 나눈 것 중의 3은

$\frac{\square}{\square}$입니다.

10 8부분으로 나눈 것 중의 7은

$\frac{\square}{\square}$입니다.

11 7부분으로 나눈 것 중의 2는

$\frac{\square}{\square}$입니다.

12 7부분으로 나눈 것 중의 1은

$\frac{\square}{\square}$입니다.

13 5부분으로 나눈 것 중의 4는

$\frac{\square}{\square}$입니다.

14 6부분으로 나눈 것 중의 1은

$\frac{\square}{\square}$입니다.

15 9부분으로 나눈 것 중의 4는

$\frac{\square}{\square}$입니다.

16 6부분으로 나눈 것 중의 5는

$\frac{\square}{\square}$입니다.

02 진분수, 가분수, 대분수 A

○ 분수의 종류

- $\frac{1}{4}$, $\frac{2}{4}$, $\frac{3}{4}$과 같이 분자가 분모보다 작은 분수를 진분수라고 합니다.
- $\frac{4}{4}$, $\frac{5}{4}$, $\frac{6}{4}$과 같이 분자가 분모와 같거나 큰 분수를 가분수라고 합니다.
- $1\frac{1}{4}$, $2\frac{3}{4}$과 같은 수를 대분수라고 합니다.

원리 비법 분자와 분모가 같은 수는 1이야!

진분수는 '진', 가분수는 '가', 대분수는 '대'를 써넣으세요.

❶ $1\frac{3}{8}$ ➡ (　　　)

❷ $\frac{5}{7}$ ➡ (　　　)

❸ $1\frac{2}{4}$ ➡ (　　　)

❹ $\frac{6}{5}$ ➡ (　　　)

❺ $\frac{4}{5}$ ➡ (　　　)

❻ $\frac{4}{3}$ ➡ (　　　)

❼ $\frac{13}{7}$ ➡ (　　　)

❽ $\frac{11}{9}$ ➡ (　　　)

❾ $\frac{4}{8}$ ➡ (　　　)

❿ $\frac{7}{4}$ ➡ (　　　)

⓫ $\frac{1}{3}$ ➡ (　　　)

⓬ $1\frac{3}{5}$ ➡ (　　　)

⓭ $\frac{3}{9}$ ➡ (　　　)

⓮ $1\frac{1}{7}$ ➡ (　　　)

⓯ $1\frac{1}{3}$ ➡ (　　　)

정답 101쪽

공부한 날짜	맞힌 개수	걸린 시간
월 일	/36	분

진분수는 '진', 가분수는 '가', 대분수는 '대'를 써넣으세요.

⑯ $\frac{2}{4}$ ➡ (　　)

⑰ $\frac{3}{6}$ ➡ (　　)

⑱ $1\frac{6}{8}$ ➡ (　　)

⑲ $\frac{10}{7}$ ➡ (　　)

⑳ $1\frac{1}{2}$ ➡ (　　)

㉑ $1\frac{2}{9}$ ➡ (　　)

㉒ $\frac{2}{8}$ ➡ (　　)

㉓ $\frac{11}{7}$ ➡ (　　)

㉔ $1\frac{5}{7}$ ➡ (　　)

㉕ $\frac{14}{8}$ ➡ (　　)

㉖ $1\frac{7}{9}$ ➡ (　　)

㉗ $\frac{2}{3}$ ➡ (　　)

㉘ $\frac{6}{9}$ ➡ (　　)

㉙ $1\frac{3}{7}$ ➡ (　　)

㉚ $1\frac{2}{6}$ ➡ (　　)

㉛ $\frac{17}{9}$ ➡ (　　)

㉜ $\frac{1}{7}$ ➡ (　　)

㉝ $\frac{2}{8}$ ➡ (　　)

㉞ $\frac{16}{8}$ ➡ (　　)

㉟ $\frac{5}{2}$ ➡ (　　)

㊱ $\frac{7}{6}$ ➡ (　　)

03 대분수를 가분수로 나타내기 A

○ $1\frac{1}{4}$을 가분수로 고치기

1이 1개, $\frac{1}{4}$이 1개: $1\frac{1}{4}$ → $\frac{1}{4}$이 5개: $\frac{5}{4}$

➡ 1인 하나의 도형을 $\frac{1}{4}$이 4개 있는 도형으로 바꿉니다.

원리 비법 자연수 부분을 **가분수**로 나타내!

◆ 그림을 보고 대분수를 가분수로 나타내세요.

❶ 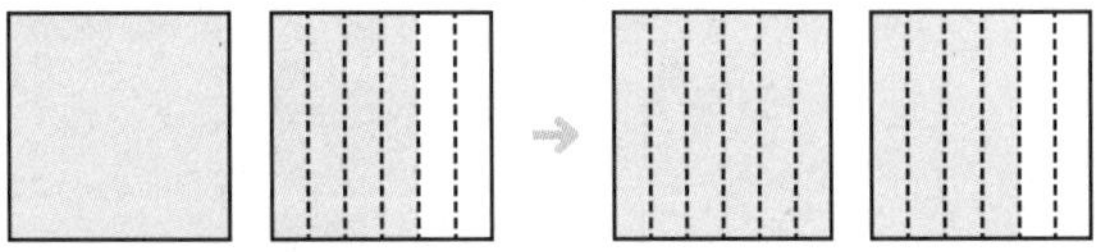

$1\frac{4}{6}$ ➡ (　　　)

❷ 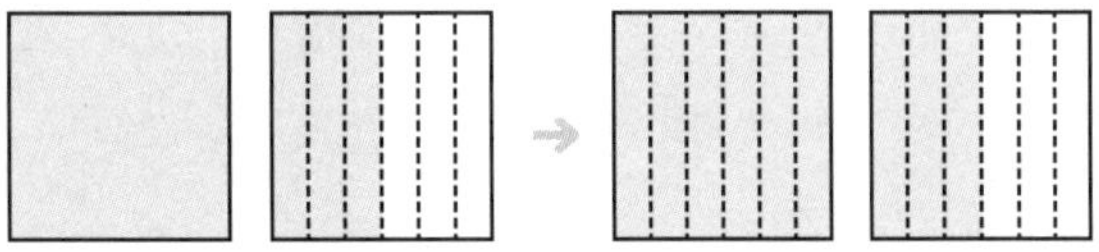

$1\frac{3}{6}$ ➡ (　　　)

❸ 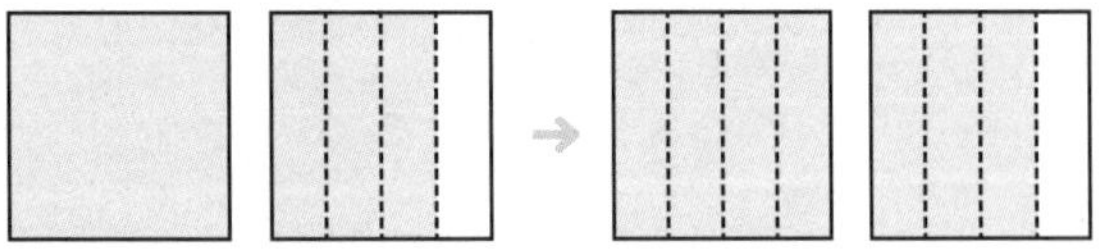

$1\frac{3}{4}$ ➡ (　　　)

❹ 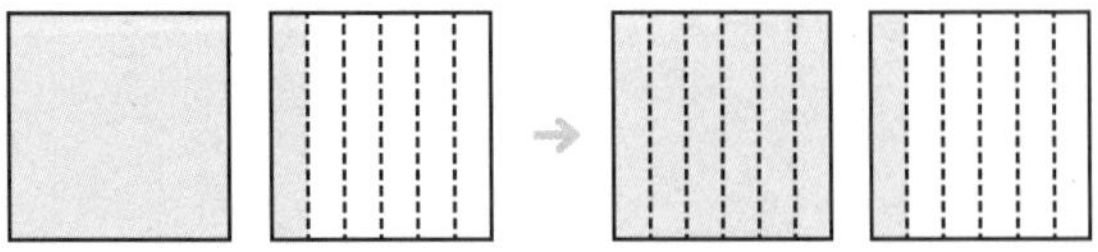

$1\frac{1}{6}$ ➡ (　　　)

❺ 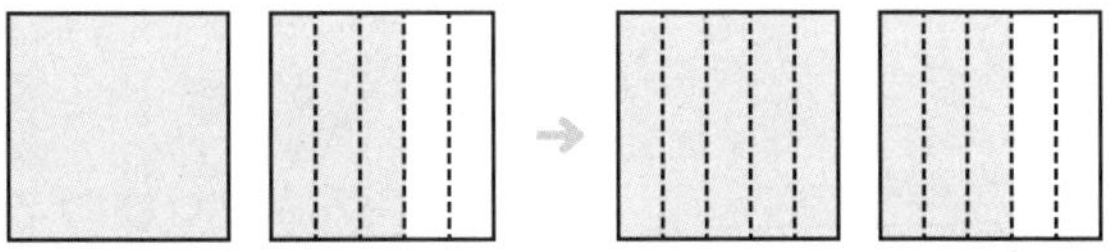

$1\frac{3}{5}$ ➡ (　　　)

❻ 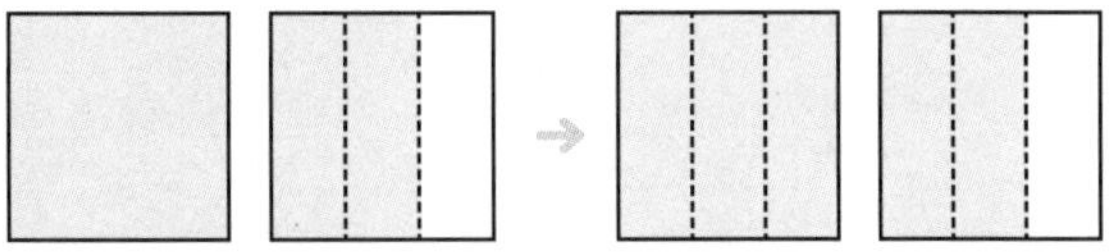

$1\frac{2}{3}$ ➡ (　　　)

❼ 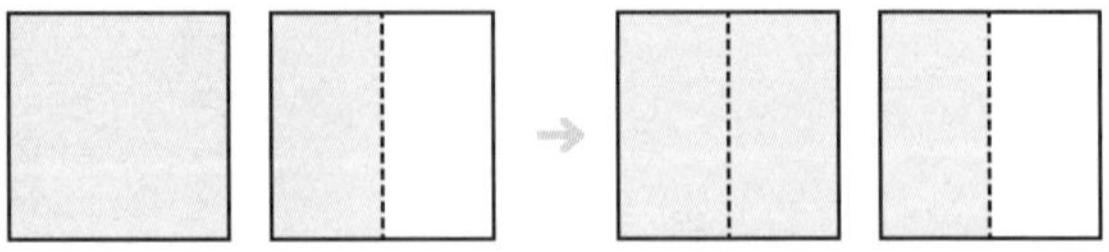

$1\frac{1}{2}$ ➡ (　　　)

❽ 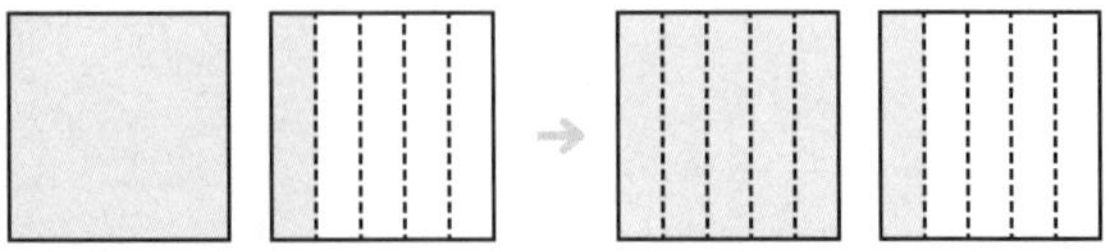

$1\frac{1}{5}$ ➡ (　　　)

정답 101쪽

공부한 날짜	맞힌 개수	걸린 시간
월 일	/29	분

대분수를 가분수로 나타내세요.

9 $1\frac{4}{5}$ ➡ (　　)

10 $1\frac{1}{2}$ ➡ (　　)

11 $1\frac{7}{9}$ ➡ (　　)

12 $1\frac{2}{6}$ ➡ (　　)

13 $1\frac{5}{9}$ ➡ (　　)

14 $1\frac{4}{7}$ ➡ (　　)

15 $1\frac{5}{8}$ ➡ (　　)

16 $1\frac{2}{9}$ ➡ (　　)

17 $1\frac{3}{7}$ ➡ (　　)

18 $1\frac{2}{5}$ ➡ (　　)

19 $1\frac{5}{6}$ ➡ (　　)

20 $1\frac{1}{7}$ ➡ (　　)

21 $1\frac{7}{8}$ ➡ (　　)

22 $1\frac{4}{9}$ ➡ (　　)

23 $1\frac{5}{7}$ ➡ (　　)

24 $1\frac{3}{8}$ ➡ (　　)

25 $1\frac{4}{8}$ ➡ (　　)

26 $1\frac{1}{3}$ ➡ (　　)

27 $1\frac{6}{8}$ ➡ (　　)

28 $1\frac{2}{7}$ ➡ (　　)

29 $1\frac{1}{8}$ ➡ (　　)

04 가분수를 대분수로 나타내기 A

$\frac{5}{3}$를 대분수로 고치기

$\frac{1}{3}$이 5개: $\frac{5}{3}$ → 1이 1개, $\frac{1}{3}$이 2개: $1\frac{2}{3}$

➡ $\frac{1}{3}$이 3개 있는 도형을 1인 하나의 도형으로 바꿉니다.

원리 비법 **일부는 자연수**로, **나머지는 진분수**로 나타내!

그림을 보고 가분수를 대분수로 나타내세요.

1.
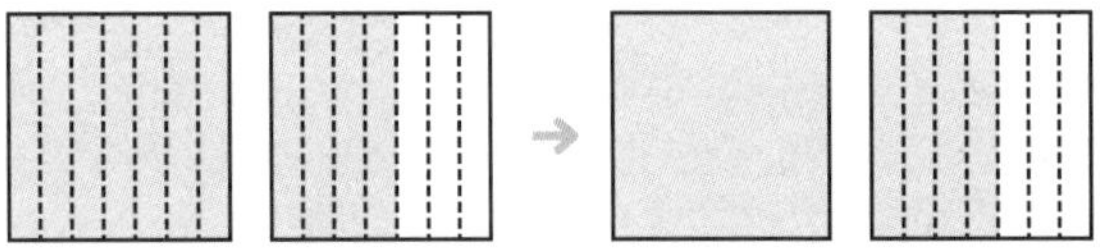

$\frac{11}{7}$ ➡ (   )

5.
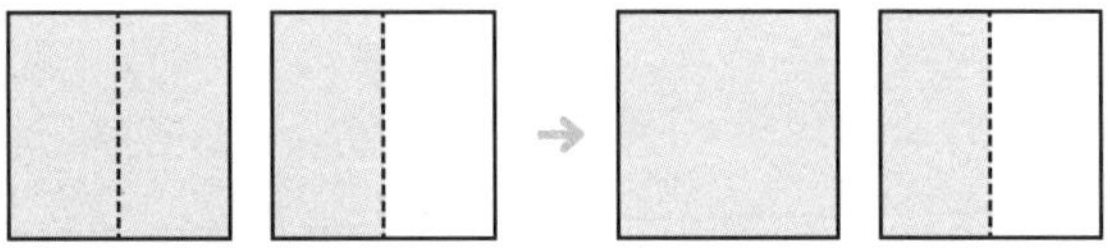

$\frac{3}{2}$ ➡ (   )

2.
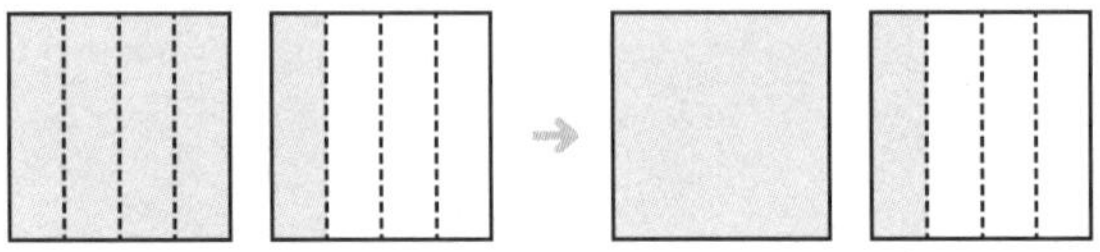

$\frac{5}{4}$ ➡ (   )

6.
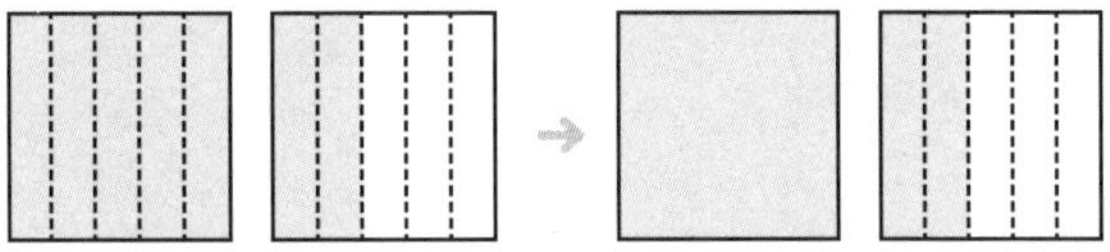

$\frac{7}{5}$ ➡ (   )

3.
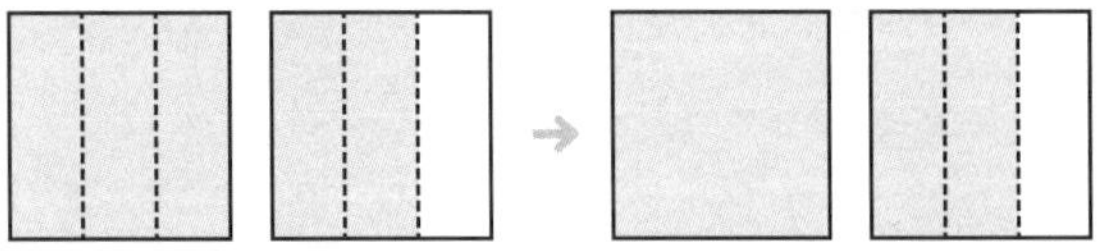

$\frac{5}{3}$ ➡ (   )

7.
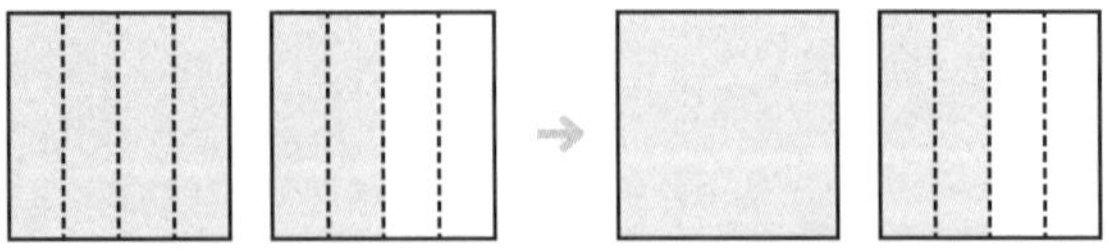

$\frac{6}{4}$ ➡ (   )

4.
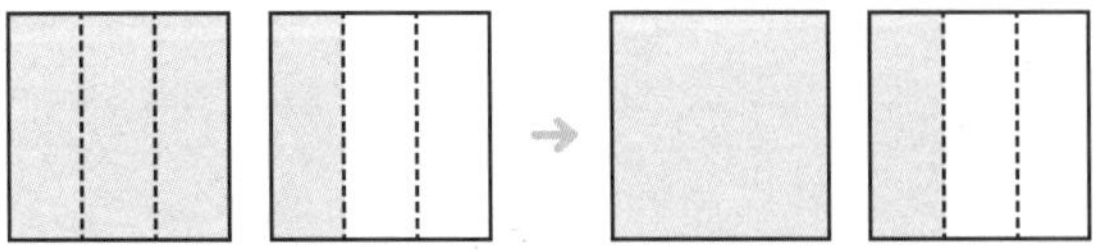

$\frac{4}{3}$ ➡ (   )

8.
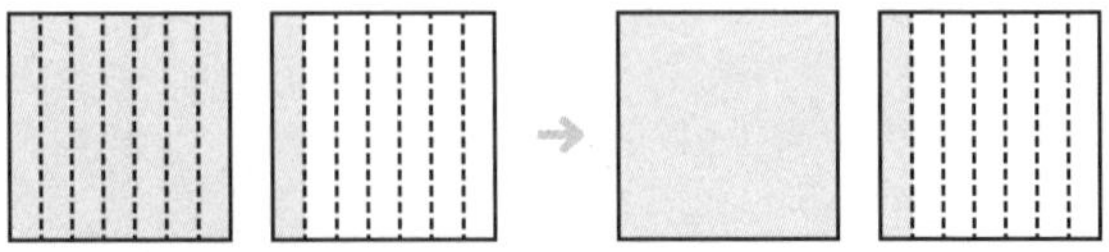

$\frac{8}{7}$ ➡ (   )

정답 102쪽

공부한 날짜	맞힌 개수	걸린 시간
월 일	/29	분

가분수를 대분수로 나타내세요.

9 $\frac{10}{6}$ → ( )

10 $\frac{14}{8}$ → ( )

11 $\frac{8}{5}$ → ( )

12 $\frac{13}{9}$ → ( )

13 $\frac{15}{8}$ → ( )

14 $\frac{17}{8}$ → ( )

15 $\frac{13}{8}$ → ( )

16 $\frac{5}{4}$ → ( )

17 $\frac{9}{8}$ → ( )

18 $\frac{6}{4}$ → ( )

19 $\frac{11}{9}$ → ( )

20 $\frac{11}{7}$ → ( )

21 $\frac{10}{9}$ → ( )

22 $\frac{9}{7}$ → ( )

23 $\frac{10}{7}$ → ( )

24 $\frac{12}{8}$ → ( )

25 $\frac{11}{8}$ → ( )

26 $\frac{6}{5}$ → ( )

27 $\frac{7}{5}$ → ( )

28 $\frac{9}{6}$ → ( )

29 $\frac{15}{9}$ → ( )

05 분모가 같은 가분수의 크기 비교 A

○ $\frac{5}{4}$와 $\frac{7}{4}$의 크기 비교

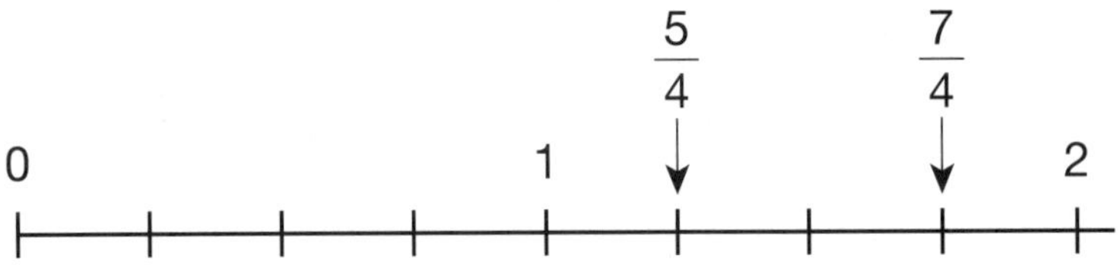

➡ $\frac{5}{4} < \frac{7}{4}$

➡ $\frac{7}{4}$이 $\frac{5}{4}$보다 수직선에서 오른쪽에 있으므로 더 큰 수입니다.

원리 비법 수직선의 **오른쪽**에 있는 수가 큰 수야!

수직선을 보고 ○ 안에 >, <를 알맞게 써넣으세요.

1

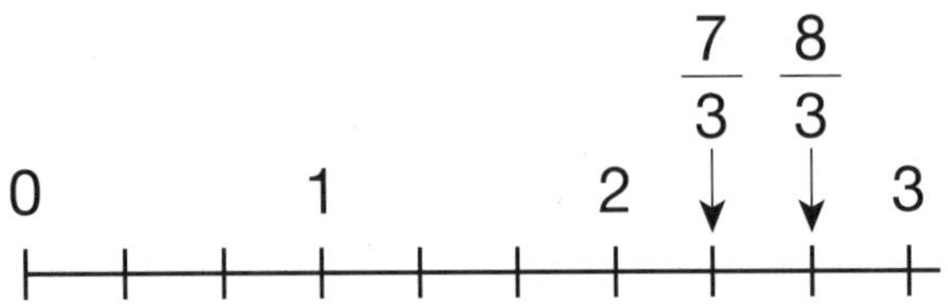

➡ $\frac{8}{3}$ ○ $\frac{7}{3}$

2

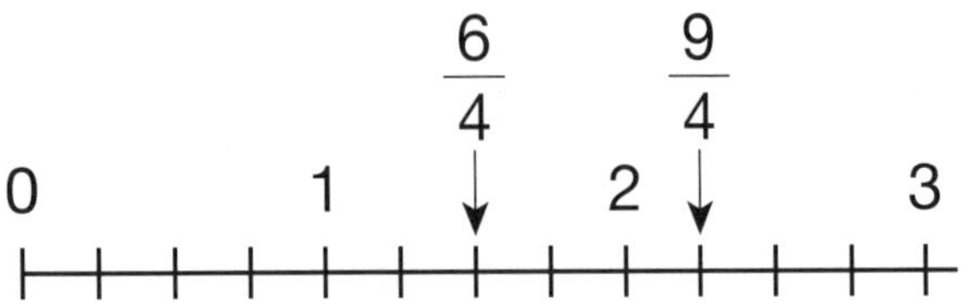

➡ $\frac{6}{4}$ ○ $\frac{9}{4}$

3

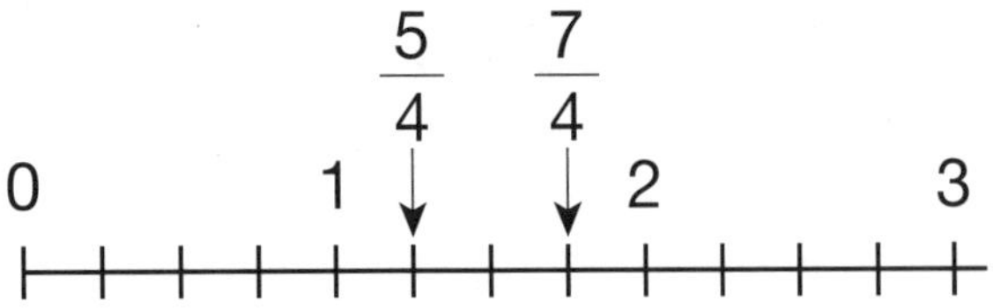

➡ $\frac{5}{4}$ ○ $\frac{7}{4}$

4

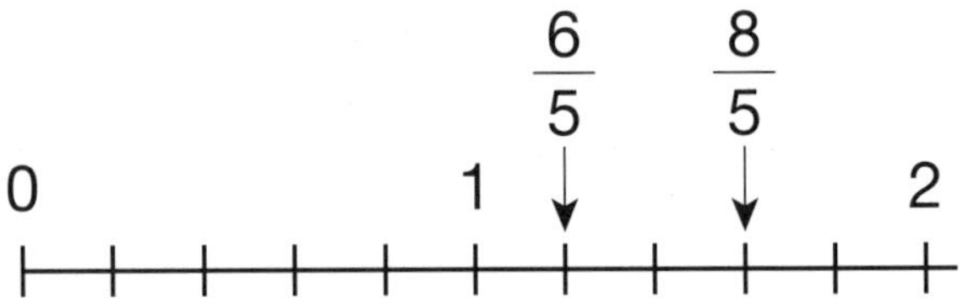

➡ $\frac{8}{5}$ ○ $\frac{6}{5}$

5

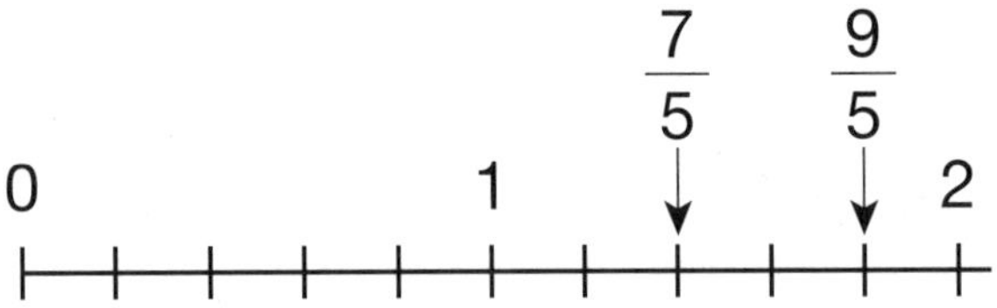

➡ $\frac{9}{5}$ ○ $\frac{7}{5}$

6

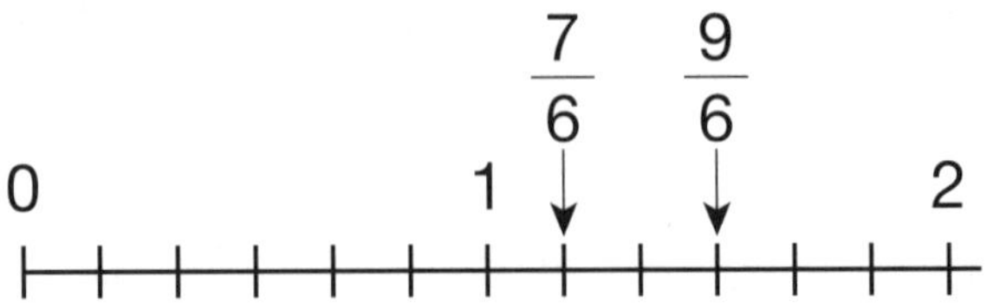

➡ $\frac{9}{6}$ ○ $\frac{7}{6}$

정답 102쪽

공부한 날짜	맞힌 개수	걸린 시간
월 일	/24	분

○ 안에 >, <를 알맞게 써넣으세요.

7 $\frac{10}{4} \bigcirc \frac{11}{4}$

8 $\frac{13}{6} \bigcirc \frac{17}{6}$

9 $\frac{14}{5} \bigcirc \frac{12}{5}$

10 $\frac{10}{8} \bigcirc \frac{13}{8}$

11 $\frac{8}{7} \bigcirc \frac{9}{7}$

12 $\frac{16}{6} \bigcirc \frac{11}{6}$

13 $\frac{16}{7} \bigcirc \frac{11}{7}$

14 $\frac{22}{8} \bigcirc \frac{12}{8}$

15 $\frac{10}{7} \bigcirc \frac{15}{7}$

16 $\frac{10}{6} \bigcirc \frac{14}{6}$

17 $\frac{12}{7} \bigcirc \frac{17}{7}$

18 $\frac{16}{8} \bigcirc \frac{11}{8}$

19 $\frac{18}{8} \bigcirc \frac{14}{8}$

20 $\frac{9}{8} \bigcirc \frac{15}{8}$

21 $\frac{8}{6} \bigcirc \frac{15}{6}$

22 $\frac{20}{8} \bigcirc \frac{13}{8}$

23 $\frac{17}{8} \bigcirc \frac{19}{8}$

24 $\frac{13}{5} \bigcirc \frac{11}{5}$

06 분모가 같은 대분수의 크기 비교 A

○ $1\frac{5}{6}$와 $3\frac{1}{6}$의 크기 비교

$$1\frac{5}{6} < 3\frac{1}{6}$$

$1 < 3$

➡ 자연수 부분이 클수록 더 큰 분수입니다.

○ $2\frac{4}{5}$와 $2\frac{2}{5}$의 크기 비교

$$2\frac{4}{5} > 2\frac{2}{5}$$

$\frac{4}{5} > \frac{2}{5}$

➡ 자연수 부분이 같을 때 분자가 클수록 더 큰 분수입니다.

원리 비법 **자연수**를 먼저 비교하고, 자연수가 같으면 **분자**를 비교해!

○ 안에 >, <를 알맞게 써넣으세요.

❶ $2\frac{3}{4}$ ○ $1\frac{1}{4}$

❷ $3\frac{2}{7}$ ○ $2\frac{3}{7}$

❸ $1\frac{4}{8}$ ○ $2\frac{5}{8}$

❹ $2\frac{7}{9}$ ○ $1\frac{2}{9}$

❺ $1\frac{7}{8}$ ○ $2\frac{2}{8}$

❻ $2\frac{1}{6}$ ○ $1\frac{4}{6}$

❼ $1\frac{1}{6}$ ○ $2\frac{3}{6}$

❽ $1\frac{1}{6}$ ○ $2\frac{3}{6}$

❾ $2\frac{4}{5}$ ○ $1\frac{2}{5}$

❿ $2\frac{4}{9}$ ○ $1\frac{3}{9}$

⓫ $1\frac{1}{3}$ ○ $2\frac{2}{3}$

⓬ $2\frac{2}{9}$ ○ $1\frac{4}{9}$

정답 102쪽

공부한 날짜	맞힌 개수	걸린 시간
월 일	/30	분

○ 안에 >, <를 알맞게 써넣으세요.

⑬ $2\frac{5}{6}$ ○ $2\frac{2}{6}$

⑭ $1\frac{3}{4}$ ○ $1\frac{2}{4}$

⑮ $2\frac{4}{6}$ ○ $2\frac{5}{6}$

⑯ $1\frac{5}{6}$ ○ $1\frac{2}{6}$

⑰ $2\frac{6}{7}$ ○ $2\frac{1}{7}$

⑱ $1\frac{6}{7}$ ○ $1\frac{3}{7}$

⑲ $1\frac{1}{7}$ ○ $1\frac{4}{7}$

⑳ $2\frac{3}{9}$ ○ $2\frac{8}{9}$

㉑ $1\frac{4}{5}$ ○ $1\frac{1}{5}$

㉒ $2\frac{3}{5}$ ○ $2\frac{4}{5}$

㉓ $1\frac{2}{8}$ ○ $1\frac{5}{8}$

㉔ $2\frac{1}{8}$ ○ $2\frac{6}{8}$

㉕ $2\frac{1}{7}$ ○ $2\frac{5}{7}$

㉖ $2\frac{1}{4}$ ○ $2\frac{2}{4}$

㉗ $2\frac{2}{5}$ ○ $2\frac{1}{5}$

㉘ $1\frac{5}{9}$ ○ $1\frac{1}{9}$

㉙ $2\frac{5}{9}$ ○ $2\frac{1}{9}$

㉚ $1\frac{6}{9}$ ○ $1\frac{8}{9}$

07 분모가 같은 가분수와 대분수의 크기 비교 A

○ $\frac{7}{5}$과 $1\frac{4}{5}$의 크기 비교

$\frac{7}{5}$과 $1\frac{4}{5}$

→ $1\frac{4}{5}=\frac{9}{5}$이므로 $\frac{7}{5}<\frac{9}{5}$입니다. ➡ $\frac{7}{5}<1\frac{4}{5}$

→ $\frac{7}{5}=1\frac{2}{5}$이므로 $1\frac{2}{5}<1\frac{4}{5}$입니다. ➡ $\frac{7}{5}<1\frac{4}{5}$

➡ 분모가 같을 때 가분수 또는 대분수로 같게 나타낸 후 크기를 비교합니다.

원리 비법 분모가 같을 때는 **분자의 수**가 크면 큰 수야!

○ 안에 >, =, <를 알맞게 써넣으세요.

1. $1\frac{6}{8}$ ○ $\frac{15}{8}$
5. $\frac{7}{3}$ ○ $1\frac{2}{3}$
9. $1\frac{2}{4}$ ○ $\frac{10}{4}$
2. $\frac{8}{5}$ ○ $1\frac{1}{5}$
6. $\frac{9}{7}$ ○ $1\frac{3}{7}$
10. $1\frac{2}{5}$ ○ $\frac{14}{5}$
3. $1\frac{5}{6}$ ○ $\frac{9}{6}$
7. $\frac{12}{7}$ ○ $1\frac{6}{7}$
11. $1\frac{3}{5}$ ○ $\frac{6}{5}$
4. $\frac{13}{6}$ ○ $1\frac{4}{6}$
8. $1\frac{4}{7}$ ○ $\frac{10}{7}$
12. $\frac{12}{8}$ ○ $1\frac{1}{8}$

정답 102쪽

공부한 날짜	맞힌 개수	걸린 시간
월 일	/30	분

○ 안에 >, =, <를 알맞게 써넣으세요.

⑬ $1\frac{2}{7}$ ○ $\frac{19}{7}$

⑭ $\frac{11}{6}$ ○ $1\frac{3}{6}$

⑮ $1\frac{2}{8}$ ○ $\frac{19}{8}$

⑯ $1\frac{3}{8}$ ○ $\frac{16}{8}$

⑰ $1\frac{8}{9}$ ○ $\frac{15}{9}$

⑱ $\frac{4}{3}$ ○ $1\frac{2}{3}$

⑲ $\frac{11}{5}$ ○ $1\frac{4}{5}$

⑳ $1\frac{5}{8}$ ○ $\frac{9}{8}$

㉑ $\frac{12}{9}$ ○ $1\frac{5}{9}$

㉒ $\frac{16}{6}$ ○ $1\frac{1}{6}$

㉓ $\frac{11}{7}$ ○ $1\frac{1}{7}$

㉔ $\frac{11}{4}$ ○ $1\frac{1}{4}$

㉕ $1\frac{4}{8}$ ○ $\frac{10}{8}$

㉖ $\frac{13}{9}$ ○ $1\frac{1}{9}$

㉗ $1\frac{3}{4}$ ○ $\frac{9}{4}$

㉘ $\frac{14}{9}$ ○ $1\frac{3}{9}$

㉙ $1\frac{1}{4}$ ○ $\frac{11}{4}$

㉚ $\frac{15}{7}$ ○ $1\frac{5}{7}$

01 들이의 덧셈 A

○1 L 700 mL+5 L 800 mL의 계산

	1	
	1 L	700 mL
+	5 L	800 mL
		500 mL

➡

	1	
	1 L	700 mL
+	5 L	800 mL
	7 L	500 mL

① 700 mL+800 mL=1500 mL 이므로 1000 mL를 1 L로 받아올림합니다.

② 1 L+1 L+5 L를 계산합니다.

원리 비법 **1000 mL는 1 L야!**

덧셈을 하세요.

❶ 1 L 400 mL + 1 L 900 mL

❷ 1 L 300 mL + 2 L 900 mL

❸ 3 L 900 mL + 2 L 400 mL

❹ 1 L 500 mL + 1 L 600 mL

❺ 1 L 900 mL + 3 L 500 mL

❻ 1 L 800 mL + 3 L 600 mL

❼ 1 L 900 mL + 1 L 900 mL

❽ 2 L 700 mL + 1 L 600 mL

❾ 2 L 900 mL + 1 L 500 mL

❿ 1 L 900 mL + 1 L 200 mL

⓫ 2 L 800 mL + 3 L 800 mL

⓬ 1 L 600 mL + 1 L 700 mL

정답 103쪽

공부한 날짜	맞힌 개수	걸린 시간
월 일	/28	분

덧셈을 하세요.

⑬ 1 L 800 mL + 2 L 400 mL

⑭ 1 L 400 mL + 2 L 700 mL

⑮ 2 L 800 mL + 3 L 400 mL

⑯ 1 L 800 mL + 2 L 400 mL

⑰ 1 L 500 mL + 1 L 900 mL

⑱ 1 L 700 mL + 2 L 900 mL

⑲ 1 L 500 mL + 3 L 700 mL

⑳ 1 L 800 mL + 1 L 700 mL

㉑ 1 L 900 mL + 2 L 500 mL

㉒ 2 L 600 mL + 3 L 900 mL

㉓ 1 L 900 mL + 1 L 400 mL

㉔ 1 L 700 mL + 1 L 900 mL

㉕ 2 L 900 mL + 3 L 300 mL

㉖ 1 L 800 mL + 1 L 600 mL

㉗ 1 L 700 mL + 1 L 600 mL

㉘ 1 L 800 mL + 2 L 700 mL

02 들이의 뺄셈 A

○ 5 L 200 mL－1 L 400 mL의 계산

	4	1000
	~~5~~ L	200 mL
－	1 L	400 mL
		800 mL

➡

	4	1000
	~~5~~ L	200 mL
－	1 L	400 mL
	3 L	800 mL

① 200 mL에서 400 mL를 뺄 수 없으므로 5 L에서 받아내림합니다.

② 4 L－1 L를 계산합니다.

원리 비법 **1 L는 1000 mL야!**

◆ 뺄셈을 하세요.

❶ 4 L 800 mL － 2 L 900 mL

❷ 3 L 200 mL － 1 L 800 mL

❸ 5 L 500 mL － 3 L 800 mL

❹ 4 L 300 mL － 1 L 900 mL

❺ 5 L 300 mL － 2 L 900 mL

❻ 4 L 400 mL － 1 L 900 mL

❼ 5 L 100 mL － 1 L 600 mL

❽ 3 L 600 mL － 1 L 700 mL

❾ 3 L 400 mL － 1 L 700 mL

❿ 5 L 500 mL － 1 L 900 mL

⓫ 5 L 400 mL － 3 L 900 mL

⓬ 5 L 200 mL － 3 L 900 mL

정답 103쪽

공부한 날짜	맞힌 개수	걸린 시간
월 일	/28	분

뺄셈을 하세요.

⑬ 5 L 600 mL − 1 L 700 mL

⑭ 3 L 300 mL − 1 L 800 mL

⑮ 4 L 400 mL − 2 L 600 mL

⑯ 8 L 400 mL − 2 L 600 mL

⑰ 3 L 700 mL − 1 L 900 mL

⑱ 3 L 400 mL − 1 L 900 mL

⑲ 4 L 500 mL − 2 L 700 mL

⑳ 4 L 400 mL − 1 L 600 mL

㉑ 3 L 500 mL − 1 L 700 mL

㉒ 5 L 300 mL − 3 L 800 mL

㉓ 4 L 600 mL − 1 L 900 mL

㉔ 3 L 500 mL − 1 L 900 mL

㉕ 4 L 100 mL − 2 L 900 mL

㉖ 4 L 500 mL − 1 L 600 mL

㉗ 4 L 700 mL − 1 L 800 mL

㉘ 3 L 800 mL − 1 L 900 mL

03 무게의 덧셈 A

○ 1 kg 400 g + 2 kg 900 g의 계산

	1	
	1 kg	400 g
+	2 kg	900 g
		300 g

➡

	1	
	1 kg	400 g
+	2 kg	900 g
	4 kg	300 g

① 400 g + 900 g = 1300 g 이므로 1000 g을 1 kg으로 받아올림합니다.

② 1 kg + 1 kg + 2 kg을 계산합니다.

원리 비법 **1000 g는 1 kg이야!**

덧셈을 하세요.

❶ 1 kg 700 g + 2 kg 400 g

❷ 1 kg 200 g + 1 kg 900 g

❸ 2 kg 400 g + 3 kg 700 g

❹ 1 kg 800 g + 1 kg 400 g

❺ 3 kg 400 g + 1 kg 900 g

❻ 1 kg 600 g + 3 kg 900 g

❼ 3 kg 900 g + 1 kg 500 g

❽ 2 kg 800 g + 3 kg 600 g

❾ 1 kg 600 g + 1 kg 700 g

❿ 3 kg 900 g + 2 kg 400 g

⓫ 2 kg 700 g + 3 kg 500 g

⓬ 3 kg 900 g + 1 kg 800 g

정답 103쪽

공부한 날짜	맞힌 개수	걸린 시간
월 일	/28	분

덧셈을 하세요.

⑬ 2 kg 600 g + 3 kg 900 g

⑭ 1 kg 600 g + 1 kg 900 g

⑮ 1 kg 700 g + 2 kg 700 g

⑯ 2 kg 900 g + 3 kg 700 g

⑰ 1 kg 700 g + 1 kg 500 g

⑱ 1 kg 300 g + 3 kg 900 g

⑲ 1 kg 500 g + 1 kg 700 g

⑳ 1 kg 800 g + 2 kg 700 g

㉑ 1 kg 600 g + 3 kg 500 g

㉒ 2 kg 700 g + 3 kg 700 g

㉓ 1 kg 800 g + 1 kg 800 g

㉔ 1 kg 900 g + 1 kg 300 g

㉕ 2 kg 600 g + 3 kg 700 g

㉖ 1 kg 900 g + 1 kg 700 g

㉗ 2 kg 800 g + 3 kg 800 g

㉘ 1 kg 500 g + 1 kg 900 g

04 무게의 뺄셈 A

○7 kg 500 g－4 kg 600 g의 계산

	6	1000
	~~7~~ kg	500 g
－	4 kg	600 g
		900 g

➡

	6	1000
	~~7~~ kg	500 g
－	4 kg	600 g
	2 kg	900 g

① 500 g에서 600 g을 뺄 수 없으므로 7 kg에서 받아내림합니다.

② 6 kg－4 kg을 계산합니다.

원리 비법 1 kg은 1000 g이야!

뺄셈을 하세요.

❶

	4 kg	300 g
－	2 kg	900 g

❷

	3 kg	400 g
－	1 kg	900 g

❸

	5 kg	800 g
－	1 kg	900 g

❹

	3 kg	600 g
－	1 kg	700 g

❺

	3 kg	300 g
－	1 kg	800 g

❻

	4 kg	200 g
－	1 kg	800 g

❼

	4 kg	600 g
－	2 kg	800 g

❽

	5 kg	500 g
－	2 kg	800 g

❾

	5 kg	400 g
－	1 kg	800 g

❿

	5 kg	300 g
－	3 kg	800 g

⓫

	4 kg	500 g
－	1 kg	700 g

⓬

	3 kg	200 g
－	1 kg	900 g

정답 103쪽

공부한 날짜	맞힌 개수	걸린 시간
월 일	/28	분

빨셈을 하세요.

⑬ 4 kg 700 g − 1 kg 800 g

⑭ 3 kg 500 g − 1 kg 800 g

⑮ 4 kg 500 g − 2 kg 900 g

⑯ 4 kg 600 g − 1 kg 800 g

⑰ 5 kg 600 g − 1 kg 800 g

⑱ 3 kg 600 g − 1 kg 900 g

⑲ 4 kg 300 g − 2 kg 700 g

⑳ 5 kg 700 g − 3 kg 900 g

㉑ 4 kg 100 g − 2 kg 900 g

㉒ 5 kg 100 g − 1 kg 900 g

㉓ 5 kg 500 g − 3 kg 800 g

㉔ 3 kg 400 g − 1 kg 600 g

㉕ 4 kg 400 g − 1 kg 900 g

㉖ 5 kg 800 g − 3 kg 900 g

㉗ 5 kg 400 g − 2 kg 900 g

㉘ 3 kg 800 g − 1 kg 900 g

쌍둥이

최우수상

참 잘했어요!

이름 ____________________

위 어린이는 쌍둥이 연산 노트 3학년 2학기 과정을

스스로 꾸준히 훌륭하게 마쳤습니다.

이에 칭찬하여 이 상장을 드립니다.

년 월 일

정답

초등 6단계

3·2 예습책

01 올림이 없는 (세 자리 수) × (한 자리 수) Ⓐ

6쪽

① 482	⑤ 131	⑨ 828
② 399	⑥ 224	⑩ 862
③ 231	⑦ 234	⑪ 246
④ 433	⑧ 393	⑫ 248

7쪽

⑬ 286	⑱ 633	㉓ 448
⑭ 421	⑲ 244	㉔ 343
⑮ 363	⑳ 844	㉕ 333
⑯ 633	㉑ 699	㉖ 933
⑰ 624	㉒ 211	㉗ 324

02 올림이 없는 (세 자리 수) × (한 자리 수) Ⓑ

8쪽

① 2, 80, 200, 282	④ 6, 20, 600, 626	⑦ 8, 80, 800, 888
② 3, 0, 600, 603	⑤ 4, 80, 800, 884	⑧ 4, 80, 800, 884
③ 9, 90, 900, 999	⑥ 2, 40, 400, 442	⑨ 8, 60, 400, 468

9쪽

⑩ 693	⑰ 684	㉔ 646
⑪ 682	⑱ 228	㉕ 422
⑫ 936	⑲ 826	㉖ 882
⑬ 622	⑳ 666	㉗ 996
⑭ 484	㉑ 288	㉘ 969
⑮ 423	㉒ 642	㉙ 242
⑯ 262	㉓ 866	㉚ 886

03 올림이 한 번 있는 (세 자리 수) × (한 자리 수)① Ⓐ

10쪽

① 456	⑤ 890	⑨ 830
② 645	⑥ 678	⑩ 474
③ 972	⑦ 896	⑪ 296
④ 735	⑧ 856	⑫ 630

11쪽

⑬ 294	⑱ 864	㉓ 945
⑭ 476	⑲ 234	㉔ 838
⑮ 654	⑳ 658	㉕ 672
⑯ 436	㉑ 896	㉖ 348
⑰ 832	㉒ 470	㉗ 850

04 올림이 한 번 있는 (세 자리 수) × (한 자리 수)① Ⓑ

12쪽

① 12, 80, 400, 492	④ 10, 40, 400, 450	⑦ 32, 40, 800, 872
② 18, 60, 600, 678	⑤ 16, 40, 600, 656	⑧ 24, 30, 900, 954
③ 18, 60, 800, 878	⑥ 12, 80, 400, 492	⑨ 12, 80, 800, 892

13쪽

⑩ 634	⑰ 345	㉔ 674
⑪ 452	⑱ 678	㉕ 590
⑫ 824	⑲ 472	㉖ 627
⑬ 651	⑳ 870	㉗ 876
⑭ 864	㉑ 498	㉘ 456
⑮ 674	㉒ 894	㉙ 672
⑯ 856	㉓ 687	㉚ 676

14쪽 05 올림이 한 번 있는 (세 자리 수) × (한 자리 수)② A

① 756	⑤ 1884	⑨ 873
② 948	⑥ 819	⑩ 1464
③ 1293	⑦ 5677	⑪ 906
④ 486	⑧ 1448	⑫ 3644

15쪽

⑬ 1536	⑱ 579	㉓ 1236
⑭ 2177	⑲ 962	㉔ 1646
⑮ 846	⑳ 3288	㉕ 2436
⑯ 1668	㉑ 368	㉖ 528
⑰ 944	㉒ 1462	㉗ 489

16쪽 06 올림이 한 번 있는 (세 자리 수) × (한 자리 수)② B

① 6, 30, 2700, 2736	④ 6, 120, 600, 726	⑦ 2, 20, 1600, 1622
② 6, 180, 800, 986	⑤ 9, 90, 1800, 1899	⑧ 6, 90, 1500, 1596
③ 8, 60, 1400, 1468	⑥ 6, 160, 400, 566	⑨ 3, 30, 1500, 1533

17쪽

⑩ 2496	⑰ 2488	㉔ 568
⑪ 964	⑱ 426	㉕ 6377
⑫ 2493	⑲ 744	㉖ 1836
⑬ 742	⑳ 1299	㉗ 902
⑭ 1863	㉑ 2799	㉘ 1682
⑮ 1262	㉒ 644	㉙ 2493
⑯ 1244	㉓ 726	㉚ 3284

18쪽 07 올림이 여러 번 있는 (세 자리 수) × (한 자리 수) A

① 994	⑤ 1074	⑨ 1588
② 625	⑥ 2856	⑩ 6657
③ 1191	⑦ 1696	⑪ 1788
④ 1035	⑧ 1696	⑫ 1328

19쪽

⑬ 1188	⑱ 1908	㉓ 1388
⑭ 1071	⑲ 6504	㉔ 7479
⑮ 897	⑳ 2191	㉕ 1348
⑯ 1064	㉑ 1896	㉖ 1808
⑰ 912	㉒ 4904	㉗ 1988

20쪽 08 올림이 여러 번 있는 (세 자리 수) × (한 자리 수) B

① 12, 240, 900, 1152	④ 42, 70, 2100, 2212	⑦ 8, 280, 2800, 3088
② 15, 300, 500, 815	⑤ 24, 90, 2700, 2814	⑧ 6, 140, 1600, 1746
③ 24, 150, 600, 774	⑥ 28, 80, 1600, 1708	⑨ 9, 270, 4500, 4779

21쪽

⑩ 978	⑰ 1704	㉔ 1959
⑪ 514	⑱ 1092	㉕ 2319
⑫ 710	⑲ 1696	㉖ 5346
⑬ 865	⑳ 1292	㉗ 1128
⑭ 796	㉑ 2104	㉘ 3688
⑮ 1132	㉒ 1254	㉙ 3768
⑯ 1182	㉓ 1287	㉚ 1449

22쪽 09 (몇십) × (몇십) A

❶ 1000 ❷ 4800 ❸ 1400 ❹ 1000
❺ 2700 ❻ 1600 ❼ 3500 ❽ 5400

23쪽

❾ 3600 ❿ 2100 ⓫ 3000 ⓬ 3000 ⓭ 2400 ⓮ 1800 ⓯ 2800
⓰ 1800 ⓱ 400 ⓲ 1600 ⓳ 4000 ⓴ 800 ㉑ 6300 ㉒ 400
㉓ 1200 ㉔ 3500 ㉕ 600 ㉖ 2400 ㉗ 6400 ㉘ 4900 ㉙ 2100

24쪽 10 (몇십) × (몇십) B

❶ 3000 ❷ 2700 ❸ 1400 ❹ 1500
❺ 1600 ❻ 4200 ❼ 4500 ❽ 4900
❾ 1600 ❿ 2400 ⓫ 1200 ⓬ 900

25쪽

⓭ 800 ⓮ 2100 ⓯ 2500 ⓰ 3200 ⓱ 5600
⓲ 4800 ⓳ 7200 ⓴ 3600 ㉑ 1500 ㉒ 900
㉓ 6300 ㉔ 2800 ㉕ 3600 ㉖ 4000 ㉗ 2700

26쪽 11 (몇십몇) × (몇십) A

❶ 30, 2550 ❷ 80, 1680 ❸ 30, 2970 ❹ 40, 1360 ❺ 60, 5160
❻ 70, 2940 ❼ 80, 4560 ❽ 40, 2960 ❾ 60, 5640 ❿ 30, 2070

27쪽

⓫ 5670 ⓬ 3920 ⓭ 580 ⓮ 2200 ⓯ 1460 ⓰ 2280 ⓱ 4140
⓲ 1290 ⓳ 1540 ⓴ 5360 ㉑ 2450 ㉒ 1720 ㉓ 2970 ㉔ 7020
㉕ 5520 ㉖ 1280 ㉗ 4640 ㉘ 3000 ㉙ 1470 ㉚ 2160 ㉛ 520

28쪽 12 (몇십몇) × (몇십) B

❶ 2680 ❷ 1170 ❸ 4760 ❹ 4200
❺ 5940 ❻ 5580 ❼ 3080 ❽ 3480
❾ 2300 ❿ 6800 ⓫ 660 ⓬ 5250

29쪽

⓭ 2610 ⓮ 2150 ⓯ 1940 ⓰ 840 ⓱ 5760
⓲ 2240 ⓳ 3300 ⓴ 5180 ㉑ 1660 ㉒ 5320
㉓ 1450 ㉔ 3240 ㉕ 1260 ㉖ 4960 ㉗ 960

30쪽 13 (몇) × (몇십몇) A

① 174 ② 336 ③ 220 ④ 291 ⑤ 256 ⑥ 696 ⑦ 354 ⑧ 258 ⑨ 44 ⑩ 375 ⑪ 225 ⑫ 405

31쪽

⑬ 225 ⑭ 134 ⑮ 340 ⑯ 285 ⑰ 438 ⑱ 282 ⑲ 175 ⑳ 432 ㉑ 135 ㉒ 656 ㉓ 693 ㉔ 342 ㉕ 24 ㉖ 553 ㉗ 368

32쪽 14 (몇) × (몇십몇) B

① 18, 240, 258
② 18, 810, 828
③ 10, 100, 110
④ 21, 350, 371
⑤ 63, 540, 603
⑥ 56, 560, 616
⑦ 35, 420, 455
⑧ 15, 400, 415
⑨ 48, 120, 168
⑩ 48, 400, 448
⑪ 20, 450, 470
⑫ 35, 150, 185

33쪽

⑬ 203 ⑭ 336 ⑮ 114 ⑯ 328 ⑰ 144 ⑱ 792 ⑲ 72 ⑳ 672 ㉑ 180 ㉒ 456 ㉓ 175 ㉔ 288 ㉕ 544 ㉖ 395 ㉗ 252 ㉘ 192 ㉙ 288 ㉚ 288 ㉛ 104 ㉜ 252 ㉝ 118

34쪽 15 올림이 한 번 있는 (몇십몇) × (몇십몇) A

① 552 ② 444 ③ 255 ④ 240 ⑤ 195 ⑥ 361 ⑦ 468 ⑧ 378 ⑨ 252 ⑩ 576 ⑪ 221 ⑫ 336

35쪽

⑬ 1458 ⑭ 656 ⑮ 1085 ⑯ 1215 ⑰ 399 ⑱ 798 ⑲ 636 ⑳ 1159 ㉑ 1136 ㉒ 867 ㉓ 994 ㉔ 868 ㉕ 1456 ㉖ 1148 ㉗ 1638

36쪽 16 올림이 한 번 있는 (몇십몇) × (몇십몇) B

① 2, 90, 540
② 5, 70, 350
③ 4, 68, 238
④ 3, 75, 325
⑤ 5, 95, 285
⑥ 6, 78, 468
⑦ 2, 76, 456
⑧ 3, 48, 208

37쪽

⑨ 837 ⑩ 923 ⑪ 738 ⑫ 1296 ⑬ 966 ⑭ 1365 ⑮ 1054 ⑯ 806 ⑰ 546 ⑱ 676 ⑲ 816 ⑳ 984 ㉑ 976 ㉒ 1196 ㉓ 574 ㉔ 1134 ㉕ 775 ㉖ 1278 ㉗ 1098 ㉘ 609 ㉙ 732

17 올림이 여러 번 있는 (몇십몇) × (몇십몇) Ⓐ

38쪽

❶ 4370
❷ 1014
❸ 2736
❹ 6396
❺ 4623
❻ 8084
❼ 4171
❽ 1104
❾ 594
❿ 4864
⓫ 4134
⓬ 7161

39쪽

⓭ 6076
⓮ 1050
⓯ 3780
⓰ 1700
⓱ 1914
⓲ 2592
⓳ 5130
⓴ 2442
㉑ 688
㉒ 8004
㉓ 1125
㉔ 7138
㉕ 6006
㉖ 3025
㉗ 3154

18 올림이 여러 번 있는 (몇십몇) × (몇십몇) Ⓑ

40쪽

❶ 6, 90, 1440
❷ 3, 117, 2067
❸ 5, 360, 3960
❹ 8, 176, 1936
❺ 6, 276, 3956
❻ 5, 315, 5355
❼ 6, 330, 5280
❽ 4, 340, 5440

41쪽

❾ 418
❿ 1344
⓫ 3536
⓬ 2064
⓭ 8928
⓮ 1856
⓯ 1248
⓰ 6375
⓱ 4576
⓲ 6984
⓳ 4698
⓴ 2871
㉑ 5796
㉒ 6764
㉓ 828
㉔ 4128
㉕ 2475
㉖ 6256
㉗ 810
㉘ 2412
㉙ 884

42쪽 01 (몇십) ÷ (몇) A

① 30	⑥ 20
② 30	⑦ 40
③ 20	⑧ 10
④ 10	⑨ 10
⑤ 20	⑩ 10

43쪽

⑪ 10	⑯ 10	㉑ 10
⑫ 10	⑰ 30	㉒ 20
⑬ 30	⑱ 10	㉓ 40
⑭ 10	⑲ 20	㉔ 10
⑮ 20	⑳ 10	㉕ 30

44쪽 02 (몇십) ÷ (몇) B

① 12	⑤ 18	⑨ 45
② 25	⑥ 15	⑩ 15
③ 35	⑦ 14	⑪ 15
④ 16	⑧ 15	⑫ 12

45쪽

⑬ 12	⑲ 25	㉕ 18
⑭ 45	⑳ 16	㉖ 15
⑮ 35	㉑ 14	㉗ 15
⑯ 15	㉒ 45	㉘ 12
⑰ 16	㉓ 35	㉙ 25
⑱ 15	㉔ 15	㉚ 18

46쪽 03 나머지가 없고 내림이 없는 (몇십몇) ÷ (몇) A

① 22	⑤ 32	⑨ 43
② 22	⑥ 32	⑩ 11
③ 14	⑦ 21	⑪ 12
④ 12	⑧ 44	⑫ 34

47쪽

⑬ 41	⑲ 23	㉕ 24
⑭ 23	⑳ 13	㉖ 11
⑮ 11	㉑ 12	㉗ 31
⑯ 11	㉒ 21	㉘ 33
⑰ 21	㉓ 42	㉙ 31
⑱ 11	㉔ 11	㉚ 13

48쪽 04 나머지가 없고 내림이 없는 (몇십몇) ÷ (몇) B

① 33	⑦ 21	⑬ 11
② 43	⑧ 14	⑭ 24
③ 32	⑨ 23	⑮ 23
④ 12	⑩ 12	⑯ 11
⑤ 12	⑪ 41	⑰ 31
⑥ 21	⑫ 22	⑱ 21

49쪽

⑲ 22	㉖ 42	㉝ 11
⑳ 32	㉗ 11	㉞ 13
㉑ 33	㉘ 11	㉟ 34
㉒ 22	㉙ 11	㊱ 13
㉓ 31	㉚ 44	㊲ 11
㉔ 11	㉛ 23	㊳ 21
㉕ 43	㉜ 23	㊴ 12

50쪽 05 나머지가 없고 내림이 있는 (몇십몇) ÷ (몇) A

1 14	5 28	9 47
2 26	6 18	10 14
3 24	7 18	11 17
4 28	8 13	12 37

51쪽

13 36	19 16	25 19
14 19	20 16	26 26
15 12	21 49	27 12
16 29	22 19	28 16
17 14	23 39	29 16
18 24	24 48	30 29

52쪽 06 나머지가 없고 내림이 있는 (몇십몇) ÷ (몇) B

1 29	7 28	13 15
2 37	8 16	14 26
3 16	9 24	15 39
4 47	10 15	16 18
5 18	11 15	17 17
6 14	12 19	18 19

53쪽

19 16	26 12	33 29
20 14	27 15	34 18
21 25	28 27	35 46
22 19	29 14	36 28
23 12	30 23	37 17
24 16	31 17	38 48
25 14	32 49	39 26

54쪽 07 나머지가 있는 (몇십몇) ÷ (몇) A

1 19…1	5 2…2	9 14…3
2 4…1	6 8…4	10 8…2
3 10…1	7 31…2	11 5…3
4 29…2	8 2…5	12 9…7

55쪽

13 3…2	19 24…3	25 11…2
14 11…5	20 22…1	26 14…2
15 27…1	21 12…4	27 15…1
16 3…1	22 12…2	28 18…2
17 39…1	23 17…1	29 4…5
18 12…1	24 13…1	30 16…2

56쪽 08 나머지가 있는 (몇십몇) ÷ (몇) B

1 4…4	7 24…1	13 5…4
2 11…1	8 1…7	14 12…2
3 7…1	9 21…1	15 2…7
4 43…1	10 13…2	16 7…4
5 2…4	11 15…2	17 15…3
6 9…3	12 7…1	18 13…6

57쪽

19 10…4	26 9…2	33 9…3
20 5…3	27 8…1	34 2…3
21 9…2	28 2…1	35 6…1
22 4…2	29 30…2	36 11…2
23 4…2	30 11…4	37 3…2
24 6…2	31 12…4	38 17…1
25 8…6	32 10…2	39 6…8

09 나머지가 없는 (세 자리 수) ÷ (한 자리 수) Ⓐ

58쪽

① 71	⑤ 92	⑨ 81
② 76	⑥ 58	⑩ 68
③ 72	⑦ 89	⑪ 86
④ 54	⑧ 91	⑫ 51

59쪽

⑬ 83	⑲ 43	㉕ 96
⑭ 38	⑳ 93	㉖ 98
⑮ 56	㉑ 98	㉗ 19
⑯ 51	㉒ 89	㉘ 17
⑰ 95	㉓ 38	㉙ 72
⑱ 41	㉔ 64	㉚ 91

11 나머지가 있는 (세 자리 수) ÷ (한 자리 수) Ⓐ

62쪽

① 80…1	⑤ 21…3	⑨ 56…4
② 50…4	⑥ 61…3	⑩ 81…1
③ 30…5	⑦ 69…2	⑪ 60…3
④ 92…2	⑧ 90…8	⑫ 29…4

63쪽

⑬ 36…5	⑲ 78…1	㉕ 75…2
⑭ 12…6	⑳ 78…1	㉖ 89…2
⑮ 90…2	㉑ 75…6	㉗ 58…6
⑯ 99…4	㉒ 40…6	㉘ 19…2
⑰ 89…3	㉓ 86…5	㉙ 87…6
⑱ 59…3	㉔ 99…1	㉚ 71…1

10 나머지가 없는 (세 자리 수) ÷ (한 자리 수) Ⓑ

60쪽

① 137	⑤ 288	⑨ 143
② 190	⑥ 246	⑩ 158
③ 122	⑦ 170	⑪ 222
④ 264	⑧ 188	⑫ 177

61쪽

⑬ 166	⑲ 139	㉕ 121
⑭ 109	⑳ 448	㉖ 231
⑮ 146	㉑ 125	㉗ 103
⑯ 114	㉒ 127	㉘ 432
⑰ 107	㉓ 276	㉙ 112
⑱ 129	㉔ 221	㉚ 189

12 나머지가 있는 (세 자리 수) ÷ (한 자리 수) Ⓑ

64쪽

① 191…1	⑤ 322…1	⑨ 167…2
② 194…2	⑥ 132…1	⑩ 215…3
③ 172…1	⑦ 155…1	⑪ 118…3
④ 218…1	⑧ 139…4	⑫ 244…1

65쪽

⑬ 125…1	⑲ 187…4	㉕ 161…1
⑭ 109…1	⑳ 139…4	㉖ 290…2
⑮ 126…6	㉑ 110…4	㉗ 195…1
⑯ 154…1	㉒ 318…1	㉘ 115…1
⑰ 123…4	㉓ 140…1	㉙ 107…6
⑱ 142…1	㉔ 391…1	㉚ 104…7

66쪽 13 계산이 맞는지 확인하기 A

❶ 4, 3 / 4, 3
❷ 7, 4 / 7, 4
❸ 3, 3 / 3, 3
❹ 9, 3 / 9, 3
❺ 5, 1 / 5, 1
❻ 4, 7 / 4, 7

67쪽

❼ 6, 2 / 6, 2
❽ 8, 1 / 8, 1
❾ 8, 2 / 8, 2
❿ 6, 1 / 6, 1
⓫ 4, 6 / 4, 6
⓬ 2, 4 / 2, 4
⓭ 8, 1 / 8, 1
⓮ 4, 4 / 4, 4

68쪽 01 분수로 나타내기 A

① 3/3
② 1/1
③ 1/1
④ 1/1

69쪽

⑤ $\frac{7}{9}$
⑥ $\frac{4}{6}$
⑦ $\frac{3}{4}$
⑧ $\frac{3}{8}$
⑨ $\frac{3}{6}$
⑩ $\frac{7}{8}$
⑪ $\frac{2}{7}$
⑫ $\frac{1}{7}$
⑬ $\frac{4}{5}$
⑭ $\frac{1}{6}$
⑮ $\frac{4}{9}$
⑯ $\frac{5}{6}$

70쪽 02 진분수, 가분수, 대분수 A

① 대
② 진
③ 대
④ 가
⑤ 진
⑥ 가
⑦ 가
⑧ 가
⑨ 진
⑩ 가
⑪ 진
⑫ 대
⑬ 진
⑭ 대
⑮ 대

71쪽

⑯ 진
⑰ 진
⑱ 대
⑲ 가
⑳ 대
㉑ 대
㉒ 진
㉓ 가
㉔ 대
㉕ 가
㉖ 대
㉗ 진
㉘ 진
㉙ 대
㉚ 대
㉛ 가
㉜ 진
㉝ 진
㉞ 가
㉟ 가
㊱ 가

72쪽 03 대분수를 가분수로 나타내기 A

① $\frac{10}{6}$
② $\frac{9}{6}$
③ $\frac{7}{4}$
④ $\frac{7}{6}$
⑤ $\frac{8}{5}$
⑥ $\frac{5}{3}$
⑦ $\frac{3}{2}$
⑧ $\frac{6}{5}$

73쪽

⑨ $\frac{9}{5}$
⑩ $\frac{3}{2}$
⑪ $\frac{16}{9}$
⑫ $\frac{8}{6}$
⑬ $\frac{14}{9}$
⑭ $\frac{11}{7}$
⑮ $\frac{13}{8}$
⑯ $\frac{11}{9}$
⑰ $\frac{10}{7}$
⑱ $\frac{7}{5}$
⑲ $\frac{11}{6}$
⑳ $\frac{8}{7}$
㉑ $\frac{15}{8}$
㉒ $\frac{13}{9}$
㉓ $\frac{12}{7}$
㉔ $\frac{11}{8}$
㉕ $\frac{12}{8}$
㉖ $\frac{4}{3}$
㉗ $\frac{14}{8}$
㉘ $\frac{9}{7}$
㉙ $\frac{9}{8}$

74쪽 04 가분수를 대분수로 나타내기 A

① $1\frac{4}{7}$
② $1\frac{1}{4}$
③ $1\frac{2}{3}$
④ $1\frac{1}{3}$
⑤ $1\frac{1}{2}$
⑥ $1\frac{2}{5}$
⑦ $1\frac{2}{4}$
⑧ $1\frac{1}{7}$

75쪽

⑨ $1\frac{4}{6}$
⑩ $1\frac{6}{8}$
⑪ $1\frac{3}{5}$
⑫ $1\frac{4}{9}$
⑬ $1\frac{7}{8}$
⑭ $2\frac{1}{8}$
⑮ $1\frac{5}{8}$
⑯ $1\frac{1}{4}$
⑰ $1\frac{1}{8}$
⑱ $1\frac{2}{4}$
⑲ $1\frac{2}{9}$
⑳ $1\frac{4}{7}$
㉑ $1\frac{1}{9}$
㉒ $1\frac{2}{7}$
㉓ $1\frac{3}{7}$
㉔ $1\frac{4}{8}$
㉕ $1\frac{3}{8}$
㉖ $1\frac{1}{5}$
㉗ $1\frac{2}{5}$
㉘ $1\frac{3}{6}$
㉙ $1\frac{6}{9}$

76쪽 05 분모가 같은 가분수의 크기 비교 A

① >
② <
③ <
④ >
⑤ >
⑥ >

77쪽

⑦ <
⑧ <
⑨ >
⑩ <
⑪ <
⑫ >
⑬ >
⑭ >
⑮ <
⑯ <
⑰ <
⑱ >
⑲ >
⑳ <
㉑ <
㉒ >
㉓ <
㉔ >

78쪽 06 분모가 같은 대분수의 크기 비교 A

① >
② >
③ <
④ >
⑤ <
⑥ >
⑦ <
⑧ <
⑨ >
⑩ >
⑪ <
⑫ >

79쪽

⑬ >
⑭ >
⑮ <
⑯ >
⑰ >
⑱ >
⑲ <
⑳ <
㉑ >
㉒ <
㉓ <
㉔ <
㉕ <
㉖ <
㉗ >
㉘ >
㉙ >
㉚ <

80쪽 07 분모가 같은 가분수와 대분수의 크기 비교 A

① <
② >
③ >
④ >
⑤ >
⑥ <
⑦ <
⑧ >
⑨ <
⑩ <
⑪ >
⑫ >

81쪽

⑬ <
⑭ >
⑮ <
⑯ <
⑰ >
⑱ <
⑲ >
⑳ >
㉑ <
㉒ >
㉓ >
㉔ >
㉕ >
㉖ >
㉗ <
㉘ >
㉙ <
㉚ >

82쪽 01 들이의 덧셈 A

① 3L 300mL ② 4L 200mL ③ 6L 300mL ④ 3L 100mL ⑤ 5L 400mL ⑥ 5L 400mL ⑦ 3L 800mL ⑧ 4L 300mL ⑨ 4L 400mL ⑩ 3L 100mL ⑪ 6L 600mL ⑫ 3L 300mL

83쪽

⑬ 4L 200mL ⑭ 4L 100mL ⑮ 6L 200mL ⑯ 4L 200mL ⑰ 3L 400mL ⑱ 4L 600mL ⑲ 5L 200mL ⑳ 3L 500mL ㉑ 4L 400mL ㉒ 6L 500mL ㉓ 3L 300mL ㉔ 3L 600mL ㉕ 6L 200mL ㉖ 3L 400mL ㉗ 3L 300mL ㉘ 4L 500mL

86쪽 03 무게의 덧셈 A

① 4kg 100g ② 3kg 100g ③ 6kg 100g ④ 3kg 200g ⑤ 5kg 300g ⑥ 5kg 500g ⑦ 5kg 400g ⑧ 6kg 400g ⑨ 3kg 300g ⑩ 6kg 300g ⑪ 6kg 200g ⑫ 5kg 700g

87쪽

⑬ 6kg 500g ⑭ 3kg 500g ⑮ 4kg 400g ⑯ 6kg 600g ⑰ 3kg 200g ⑱ 5kg 200g ⑲ 3kg 200g ⑳ 4kg 500g ㉑ 5kg 100g ㉒ 6kg 400g ㉓ 3kg 600g ㉔ 3kg 200g ㉕ 6kg 300g ㉖ 3kg 600g ㉗ 6kg 600g ㉘ 3kg 400g

84쪽 02 들이의 뺄셈 A

① 1L 900mL ② 1L 400mL ③ 1L 700mL ④ 2L 400mL ⑤ 2L 400mL ⑥ 2L 500mL ⑦ 3L 500mL ⑧ 1L 900mL ⑨ 1L 700mL ⑩ 3L 600mL ⑪ 1L 500mL ⑫ 1L 300mL

85쪽

⑬ 3L 900mL ⑭ 1L 500mL ⑮ 1L 800mL ⑯ 5L 800mL ⑰ 1L 800mL ⑱ 1L 500mL ⑲ 1L 800mL ⑳ 2L 800mL ㉑ 1L 800mL ㉒ 1L 500mL ㉓ 2L 700mL ㉔ 1L 600mL ㉕ 1L 200mL ㉖ 2L 900mL ㉗ 2L 900mL ㉘ 1L 900mL

88쪽 04 무게의 뺄셈 A

① 1kg 400g ② 1kg 500g ③ 3kg 900g ④ 1kg 900g ⑤ 1kg 500g ⑥ 2kg 400g ⑦ 1kg 800g ⑧ 2kg 700g ⑨ 3kg 600g ⑩ 1kg 500g ⑪ 2kg 800g ⑫ 1kg 300g

89쪽

⑬ 2kg 900g ⑭ 1kg 700g ⑮ 1kg 600g ⑯ 2kg 800g ⑰ 3kg 800g ⑱ 1kg 700g ⑲ 1kg 600g ⑳ 1kg 800g ㉑ 1kg 200g ㉒ 3kg 200g ㉓ 1kg 700g ㉔ 1kg 800g ㉕ 2kg 500g ㉖ 1kg 900g ㉗ 2kg 500g ㉘ 1kg 900g

MEMO

쌤과 맘이 만든

쌍둥이 연산노트

의 책이에요!

제 품 명: 쌍둥이 연산노트
제조자명: 이젠교육
제조국명: 대한민국
제조년월: 판권에 별도 표기
사용학년: 8세 이상

값 9,500원

ISBN 979-11-90880-56-5

교과서 연계 연산 강화 프로젝트
속도와 정확성을 동시에 잡는 연산 훈련서

쌤과 맘이 만든

쌍둥이 연산노트

초등 6단계

3·2

복습책

1일 2쪽
한 달 완성

이젠교육
EZEN EDUCATION

이젠수학연구소 지음

이젠수학연구소는 유아에서 초중고까지 학생들이 수학의 바른길을 찾아갈 수 있도록 수학 학습법을 연구하는 이젠교육의 수학 연구소입니다. 수학 실력은 하루아침에 완성되지 않으며, 다양한 경험을 통해 발달합니다. 그길에 친구가 되고자 노력합니다.

쌤과 맘이 만든

쌍둥이 연산 노트 3-2 복습책 (초등 6단계)

지 은 이	이젠수학연구소	**개발책임**	최철훈
펴 낸 이	임요병	**편 집**	㈜성지이디피
펴 낸 곳	㈜이젠미디어	**디 자 인**	이순주, 최수연
출판등록	제 2020-000073호	**제 작**	이성기
주 소	서울시 영등포구 양평로 22길 21 코오롱디지털타워 404호	**마 케 팅**	김남미
		인스타그램	@ezeneducation
전 화	(02)324-1600	**블 로 그**	http://blog.naver.com/ezeneducation
팩 스	(031)941-9611		

@이젠교육

ISBN 979-11-90880-56-5

쌤과 맘이 만든

쌍둥이 연산노트

초등 6단계

3·2

복습책

쌍둥이 연산 노트

한눈에 보기

1학년

1학기 단원	학습 내용
9까지의 수	·9까지의 수의 순서 알기 ·수를 세어 크기 비교하기
덧셈	·9까지의 수 모으기 ·합이 9까지인 덧셈하기
뺄셈	·9까지의 수 가르기 ·한 자리 수의 뺄셈하기
50까지의 수	·십몇 알고 모으기와 가르기 ·50까지의 수의 순서 알기 ·50까지의 수의 크기 비교

2학기 단원	학습 내용
100까지의 수	·100까지의 수의 순서 알기 ·100까지 수의 크기 비교하기
덧셈(1)	·(몇십몇)+(몇십몇) ·합이 한 자리 수인 세 수의 덧셈
뺄셈(1)	·(몇십몇)−(몇십몇) ·계산 결과가 한 자리 수인 세 수의 뺄셈
덧셈(2)	·세 수의 덧셈 ·받아올림이 있는 (몇)+(몇)
뺄셈(2)	·세 수의 뺄셈 ·받아내림이 있는 (십몇)−(몇)

2학년

1학기 단원	학습 내용
세 자리 수	·세 자리 수의 자릿값 알기 ·수의 크기 비교
덧셈	·받아올림이 있는 (두 자리 수)+(두 자리 수) ·세 수의 덧셈
뺄셈	·받아내림이 있는 (두 자리 수)−(두 자리 수) ·세 수의 뺄셈
곱셈	·몇 배인지 알아보기 ·곱셈식으로 나타내기

2학기 단원	학습 내용
네 자리 수	·네 자리 수 알기 ·두 수의 크기 비교
곱셈구구	·2~9단 곱셈구구 ·1의 단, 0과 어떤 수의 곱
길이 재기	·길이의 합 ·길이의 차
시각과 시간	·시각 읽기 ·시각과 분 사이의 관계 ·하루, 1주일, 달력 알기

3학년

1학기 단원	학습 내용
덧셈	·받아올림이 있는 (세 자리 수)+(세 자리 수)
뺄셈	·받아내림이 있는 (세 자리 수)−(세 자리 수)
나눗셈	·곱셈과 나눗셈의 관계 ·나눗셈의 몫 구하기
곱셈	·올림이 있는 (몇십몇)×(몇)
길이와 시간의 덧셈과 뺄셈	·길이의 덧셈과 뺄셈 ·시간의 덧셈과 뺄셈
분수와 소수	·분모가 같은 분수의 크기 비교 ·소수의 크기 비교

2학기 단원	학습 내용
곱셈	·올림이 있는 (세 자리 수)×(한 자리 수) ·올림이 있는 (몇십몇)×(몇십몇)
나눗셈	·나머지가 있는 (몇십몇)÷(몇) ·나머지가 있는 (세 자리 수)÷(한 자리 수)
분수	·진분수, 가분수, 대분수 ·대분수를 가분수로 나타내기 ·가분수를 대분수로 나타내기 ·분모가 같은 분수의 크기 비교
들이와 무게	·들이의 덧셈과 뺄셈 ·무게의 덧셈과 뺄셈

쌍둥이 연산 노트는 **수학 교과서의 연산과 관련된 모든 영역의 문제를**
학교 수업 차시에 맞게 구성하였습니다.

4학년

1학기

단원	학습 내용
큰 수	· 다섯 자리 수 · 천만, 천억, 천조 알기 · 수의 크기 비교
각도	· 각도의 합과 차 · 삼각형의 세 각의 크기의 합 · 사각형의 네 각의 크기의 합
곱셈	· (몇백)×(몇십) · (세 자리 수)×(두 자리 수)
나눗셈	· (몇백몇십)÷(몇십) · (세 자리 수)÷(두 자리 수)

2학기

단원	학습 내용
분수의 덧셈	· 분모가 같은 분수의 덧셈 · 진분수 부분의 합이 1보다 큰 대분수의 덧셈
분수의 뺄셈	· 분모가 같은 분수의 뺄셈 · 받아내림이 있는 대분수의 뺄셈
소수의 덧셈	· (소수 두 자리 수)+(소수 두 자리 수) · 자릿수가 다른 소수의 덧셈
소수의 뺄셈	· (소수 두 자리 수)−(소수 두 자리 수) · 자릿수가 다른 소수의 뺄셈
다각형	· 삼각형, 평행사변형, 마름모, 직사각형의 각도와 길이 구하기

5학년

1학기

단원	학습 내용
자연수의 혼합 계산	· 덧셈, 뺄셈, 곱셈, 나눗셈이 섞여 있는 식 계산하기
약수와 배수	· 약수와 배수 · 최대공약수와 최소공배수
약분과 통분	· 약분과 통분 · 분수와 소수의 크기 비교
분수의 덧셈과 뺄셈	· 받아올림이 있는 분수의 덧셈 · 받아내림이 있는 분수의 뺄셈
다각형의 둘레와 넓이	· 정다각형의 둘레 · 사각형, 평행사변형, 삼각형, 마름모, 사다리꼴의 넓이

2학기

단원	학습 내용
어림하기	· 올림, 버림, 반올림
분수의 곱셈	· (분수)×(자연수) · (자연수)×(분수) · (분수)×(분수) · 세 분수의 곱셈
소수의 곱셈	· (소수)×(자연수) · (자연수)×(소수) · (소수)×(소수) · 곱의 소수점의 위치
자료의 표현	· 평균 구하기

6학년

1학기

단원	학습 내용
분수의 나눗셈	· (자연수)÷(자연수) · (분수)÷(자연수)
소수의 나눗셈	· (소수)÷(자연수) · (자연수)÷(자연수)
비와 비율	· 비와 비율 구하기 · 비율을 백분율, 백분율을 비율로 나타내기
직육면체의 부피와 겉넓이	· 직육면체의 부피와 겉넓이 · 정육면체의 부피와 겉넓이

2학기

단원	학습 내용
분수의 나눗셈	· (진분수)÷(진분수) · (자연수)÷(분수) · (대분수)÷(대분수)
소수의 나눗셈	· (소수)÷(소수) · (자연수)÷(소수) · 몫을 반올림하여 나타내기
비례식과 비례배분	· 간단한 자연수의 비로 나타내기 · 비례식과 비례배분
원주와 원의 넓이	· 원주, 지름, 반지름 구하기 · 원의 넓이 구하기

구성과 유의점

단원	학습 내용	지도 시 유의점	표준 시간
곱셈	01 올림이 없는 (세 자리 수)×(한 자리 수)(1)	· 올림이 없는 (세 자리 수)×(한 자리 수)의 계산 원리를 형식화하게 합니다. · 올림이 없는 (세 자리 수)×(한 자리 수)를 계산하게 합니다.	13분
	02 올림이 없는 (세 자리 수)×(한 자리 수)(2)		15분
	03 올림이 한 번 있는 (세 자리 수)×(한 자리 수)①(1)	· 일의 자리에서 올림이 있는 (세 자리 수)×(한 자리 수)의 계산 원리를 형식화하게 합니다. · 일의 자리에서 올림이 있는 (세 자리 수)×(한 자리 수)를 계산하게 합니다.	13분
	04 올림이 한 번 있는 (세 자리 수)×(한 자리 수)①(2)		15분
	05 올림이 한 번 있는 (세 자리 수)×(한 자리 수)②(1)	· 십의 자리 또는 백의 자리에서 올림이 있는 (세 자리 수)×(한 자리 수)의 계산 원리를 형식화하게 합니다. · 십의 자리 또는 백의 자리에서 올림이 있는 (세 자리 수)×(한 자리 수)를 계산하게 합니다.	13분
	06 올림이 한 번 있는 (세 자리 수)×(한 자리 수)②(2)		15분
	07 올림이 여러 번 있는 (세 자리 수)×(한 자리 수)(1)	올림이 여러 번 있는 (세 자리 수)×(한 자리 수)를 계산하게 합니다.	13분
	08 올림이 여러 번 있는 (세 자리 수)×(한 자리 수)(2)		15분
	09 (몇십)×(몇십)(1)	(몇십)×(몇십)의 계산 원리를 형식화하고 계산하게 합니다.	13분
	10 (몇십)×(몇십)(2)		13분
	11 (몇십몇)×(몇십)(1)	(몇십몇)×(몇십)의 계산 원리를 형식화하고 계산하게 합니다.	15분
	12 (몇십몇)×(몇십)(2)		13분
	13 (몇)×(몇십몇)(1)	(몇)×(몇십몇)의 계산 원리를 형식화하고 계산하게 합니다.	15분
	14 (몇)×(몇십몇)(2)		13분
	15 올림이 한 번 있는 (몇십몇)×(몇십몇)(1)	올림이 한 번 있는 (몇십몇)×(몇십몇)의 계산 원리를 형식화하고 계산하게 합니다.	13분
	16 올림이 한 번 있는 (몇십몇)×(몇십몇)(2)		13분
	17 올림이 여러 번 있는 (몇십몇)×(몇십몇)(1)	올림이 여러 번 있는 (몇십몇)×(몇십몇)의 계산 원리를 형식화하고 계산하게 합니다.	13분
	18 올림이 여러 번 있는 (몇십몇)×(몇십몇)(2)		13분
나눗셈	01 (몇십)÷(몇)(1)	내림이 없는 (몇십)÷(몇)과 내림이 있는 (몇십)÷(몇)의 계산 원리와 방법을 이해하고 계산하게 합니다.	13분
	02 (몇십)÷(몇)(2)		15분
	03 나머지가 없고 내림이 없는 (몇십몇)÷(몇)(1)	나머지가 없고 내림이 없는 (몇십몇)÷(몇)의 계산 원리와 방법을 이해하고 계산하게 합니다.	15분
	04 나머지가 없고 내림이 없는 (몇십몇)÷(몇)(2)		15분

◆ 차시별 2쪽 구성으로 차시의 중요도별로 A~C단계로 2~6쪽까지 집중적으로 학습할 수 있습니다.

◆ 차시별 예습 2쪽+복습 2쪽 구성으로 시기별로 2번 반복할 수 있습니다.

단원	학습 내용	지도 시 유의점	표준 시간
나눗셈	05 나머지가 없고 내림이 있는 (몇십몇)÷(몇)(1)	나머지가 없고 내림이 있는 (몇십몇)÷(몇)의 계산 원리와 방법을 이해하고 계산하게 합니다.	15분
	06 나머지가 없고 내림이 있는 (몇십몇)÷(몇)(2)		15분
	07 나머지가 있는 (몇십몇)÷(몇)(1)	나머지가 있는 (몇십몇)÷(몇)의 계산 원리와 방법을 이해하고 계산하게 합니다.	15분
	08 나머지가 있는 (몇십몇)÷(몇)(2)		15분
	09 나머지가 없는 (세 자리 수)÷(한 자리 수)(1)	나머지가 없는 (세 자리 수)÷(한 자리 수)의 계산 원리와 방법을 이해하고 계산하게 합니다.	15분
	10 나머지가 없는 (세 자리 수)÷(한 자리 수)(2)		15분
	11 나머지가 있는 (세 자리 수)÷(한 자리 수)(1)	나머지가 있는 (세 자리 수)÷(한 자리 수)의 계산 원리와 방법을 이해하고 계산하게 합니다.	15분
	12 나머지가 있는 (세 자리 수)÷(한 자리 수)(2)		15분
	13 계산이 맞는지 확인하기	계산한 것이 맞는지 확인해 보게 합니다.	9분
분수	01 분수로 나타내기	전체에 대한 부분을 이해하고 분수로 나타내어 보게 합니다.	7분
	02 진분수, 가분수, 대분수	진분수, 가분수, 대분수를 알게 합니다.	12분
	03 대분수를 가분수로 나타내기	그림을 이용하여 대분수를 가분수로 나타내게 합니다.	10분
	04 가분수를 대분수로 나타내기	그림을 이용하여 가분수를 대분수로 나타내게 합니다.	10분
	05 분모가 같은 가분수의 크기 비교	수직선을 이용하여 분모가 같은 가분수끼리의 크기를 비교하게 합니다.	10분
	06 분모가 같은 대분수의 크기 비교	분모가 같은 대분수끼리의 크기를 비교하게 합니다.	12분
	07 분모가 같은 가분수와 대분수의 크기 비교	분모가 같은 가분수와 대분수의 크기를 비교하게 합니다.	12분
들이와 무게	01 들이의 덧셈	L, mL 단위의 들이의 덧셈 계산 원리를 이해하고 계산하게 합니다.	13분
	02 들이의 뺄셈	L, mL 단위의 들이의 뺄셈 계산 원리를 이해하고 계산하게 합니다.	13분
	03 무게의 덧셈	kg, g 단위의 무게의 덧셈 계산 원리를 이해하고 계산하게 합니다.	13분
	04 무게의 뺄셈	kg, g 단위의 무게의 뺄셈 계산 원리를 이해하고 계산하게 합니다.	13분

01 올림이 없는 (세 자리 수)×(한 자리 수) 복습 A

곱셈을 하세요.

❶ $\begin{array}{r} 121 \\ \times \quad 4 \\ \hline \end{array}$

일의 자리, 십의 자리, 백의 자리의 순서로 곱해요.

❷ $\begin{array}{r} 323 \\ \times \quad 1 \\ \hline \end{array}$

❸ $\begin{array}{r} 221 \\ \times \quad 1 \\ \hline \end{array}$

❹ $\begin{array}{r} 411 \\ \times \quad 1 \\ \hline \end{array}$

❺ $\begin{array}{r} 134 \\ \times \quad 1 \\ \hline \end{array}$

❻ $\begin{array}{r} 232 \\ \times \quad 3 \\ \hline \end{array}$

❼ $\begin{array}{r} 142 \\ \times \quad 2 \\ \hline \end{array}$

❽ $\begin{array}{r} 223 \\ \times \quad 3 \\ \hline \end{array}$

❾ $\begin{array}{r} 113 \\ \times \quad 3 \\ \hline \end{array}$

❿ $\begin{array}{r} 233 \\ \times \quad 2 \\ \hline \end{array}$

⓫ $\begin{array}{r} 331 \\ \times \quad 2 \\ \hline \end{array}$

⓬ $\begin{array}{r} 243 \\ \times \quad 2 \\ \hline \end{array}$

⓭ $\begin{array}{r} 111 \\ \times \quad 5 \\ \hline \end{array}$

⓮ $\begin{array}{r} 213 \\ \times \quad 2 \\ \hline \end{array}$

⓯ $\begin{array}{r} 321 \\ \times \quad 3 \\ \hline \end{array}$

정답 92쪽

공부한 날짜	맞힌 개수	걸린 시간
월 일	/30	분

곱셈을 하세요.

⑯ 222×2

㉑ 113×2

㉖ 332×2

⑰ 223×2

㉒ 421×2

㉗ 313×3

⑱ 111×2

㉓ 124×1

㉘ 121×1

⑲ 413×1

㉔ 123×3

㉙ 434×2

⑳ 441×1

㉕ 224×1

㉚ 133×2

02 올림이 없는 (세 자리 수)×(한 자리 수) 복습 B

□ 안에 알맞은 수를 써넣으세요.

❶
$1 \times 4 = \square$
$20 \times 4 = \square$
$200 \times 4 = \square$
$221 \times 4 = \square$

❷
$2 \times 2 = \square$
$10 \times 2 = \square$
$400 \times 2 = \square$
$412 \times 2 = \square$

❸
$1 \times 1 = \square$
$40 \times 1 = \square$
$300 \times 1 = \square$
$341 \times 1 = \square$

❹
$3 \times 3 = \square$
$10 \times 3 = \square$
$200 \times 3 = \square$
$213 \times 3 = \square$

❺
$2 \times 4 = \square$
$10 \times 4 = \square$
$100 \times 4 = \square$
$112 \times 4 = \square$

❻
$1 \times 2 = \square$
$10 \times 2 = \square$
$400 \times 2 = \square$
$411 \times 2 = \square$

❼
$2 \times 1 = \square$
$20 \times 1 = \square$
$100 \times 1 = \square$
$122 \times 1 = \square$

❽
$2 \times 2 = \square$
$30 \times 2 = \square$
$100 \times 2 = \square$
$132 \times 2 = \square$

❾
$4 \times 1 = \square$
$10 \times 1 = \square$
$200 \times 1 = \square$
$214 \times 1 = \square$

❿
$2 \times 3 = \square$
$30 \times 3 = \square$
$100 \times 3 = \square$
$132 \times 3 = \square$

⓫
$4 \times 1 = \square$
$40 \times 1 = \square$
$100 \times 1 = \square$
$144 \times 1 = \square$

⓬
$1 \times 4 = \square$
$10 \times 4 = \square$
$100 \times 4 = \square$
$111 \times 4 = \square$

정답 92쪽

공부한 날짜	맞힌 개수	걸린 시간
월 일	/33	분

곱셈을 하세요.

⑬ 212 × 3

⑳ 231 × 2

㉗ 344 × 2

⑭ 311 × 1

㉑ 214 × 2

㉘ 122 × 3

⑮ 232 × 2

㉒ 314 × 1

㉙ 314 × 2

⑯ 134 × 2

㉓ 111 × 1

㉚ 313 × 1

⑰ 222 × 3

㉔ 342 × 1

㉛ 432 × 2

⑱ 213 × 1

㉕ 141 × 1

㉜ 324 × 2

⑲ 322 × 2

㉖ 424 × 2

㉝ 243 × 1

03 올림이 한 번 있는 (세 자리 수)×(한 자리 수)① 복습 A

곱셈을 하세요.

❶ $\begin{array}{r} 227 \\ \times \quad 3 \\ \hline \end{array}$

7 × 3 = 21에서 20을 십의 자리로 올림해요.

❷ $\begin{array}{r} 328 \\ \times \quad 3 \\ \hline \end{array}$

❸ $\begin{array}{r} 214 \\ \times \quad 3 \\ \hline \end{array}$

❹ $\begin{array}{r} 247 \\ \times \quad 2 \\ \hline \end{array}$

❺ $\begin{array}{r} 416 \\ \times \quad 2 \\ \hline \end{array}$

❻ $\begin{array}{r} 318 \\ \times \quad 2 \\ \hline \end{array}$

❼ $\begin{array}{r} 116 \\ \times \quad 3 \\ \hline \end{array}$

❽ $\begin{array}{r} 126 \\ \times \quad 3 \\ \hline \end{array}$

❾ $\begin{array}{r} 427 \\ \times \quad 2 \\ \hline \end{array}$

❿ $\begin{array}{r} 219 \\ \times \quad 3 \\ \hline \end{array}$

⓫ $\begin{array}{r} 124 \\ \times \quad 4 \\ \hline \end{array}$

⓬ $\begin{array}{r} 346 \\ \times \quad 2 \\ \hline \end{array}$

⓭ $\begin{array}{r} 325 \\ \times \quad 3 \\ \hline \end{array}$

⓮ $\begin{array}{r} 438 \\ \times \quad 2 \\ \hline \end{array}$

⓯ $\begin{array}{r} 238 \\ \times \quad 2 \\ \hline \end{array}$

정답 92쪽

공부한 날짜	맞힌 개수	걸린 시간
월 일	/30	분

곱셈을 하세요.

⑯ $\begin{array}{r} 326 \\ \times \quad 3 \\ \hline \end{array}$

㉑ $\begin{array}{r} 217 \\ \times \quad 3 \\ \hline \end{array}$

㉖ $\begin{array}{r} 236 \\ \times \quad 2 \\ \hline \end{array}$

⑰ $\begin{array}{r} 109 \\ \times \quad 7 \\ \hline \end{array}$

㉒ $\begin{array}{r} 348 \\ \times \quad 2 \\ \hline \end{array}$

㉗ $\begin{array}{r} 119 \\ \times \quad 4 \\ \hline \end{array}$

⑱ $\begin{array}{r} 319 \\ \times \quad 3 \\ \hline \end{array}$

㉓ $\begin{array}{r} 245 \\ \times \quad 2 \\ \hline \end{array}$

㉘ $\begin{array}{r} 327 \\ \times \quad 3 \\ \hline \end{array}$

⑲ $\begin{array}{r} 429 \\ \times \quad 2 \\ \hline \end{array}$

㉔ $\begin{array}{r} 115 \\ \times \quad 4 \\ \hline \end{array}$

㉙ $\begin{array}{r} 216 \\ \times \quad 3 \\ \hline \end{array}$

⑳ $\begin{array}{r} 418 \\ \times \quad 2 \\ \hline \end{array}$

㉕ $\begin{array}{r} 436 \\ \times \quad 2 \\ \hline \end{array}$

㉚ $\begin{array}{r} 138 \\ \times \quad 2 \\ \hline \end{array}$

04 올림이 한 번 있는 (세 자리 수)×(한 자리 수)① 복습 B

□ 안에 알맞은 수를 써넣으세요.

❶
$7 \times 2 = \square$
$10 \times 2 = \square$
$400 \times 2 = \square$
$417 \times 2 = \square$

❷
$5 \times 2 = \square$
$20 \times 2 = \square$
$100 \times 2 = \square$
$125 \times 2 = \square$

❸
$2 \times 7 = \square$
$10 \times 7 = \square$
$100 \times 7 = \square$
$112 \times 7 = \square$

❹
$7 \times 2 = \square$
$10 \times 2 = \square$
$300 \times 2 = \square$
$317 \times 2 = \square$

❺
$2 \times 8 = \square$
$10 \times 8 = \square$
$100 \times 8 = \square$
$112 \times 8 = \square$

❻
$5 \times 2 = \square$
$30 \times 2 = \square$
$100 \times 2 = \square$
$135 \times 2 = \square$

❼
$4 \times 4 = \square$
$20 \times 4 = \square$
$200 \times 4 = \square$
$224 \times 4 = \square$

❽
$9 \times 2 = \square$
$40 \times 2 = \square$
$400 \times 2 = \square$
$449 \times 2 = \square$

❾
$9 \times 2 = \square$
$20 \times 2 = \square$
$200 \times 2 = \square$
$229 \times 2 = \square$

❿
$4 \times 3 = \square$
$20 \times 3 = \square$
$200 \times 3 = \square$
$224 \times 3 = \square$

⓫
$7 \times 4 = \square$
$10 \times 4 = \square$
$200 \times 4 = \square$
$217 \times 4 = \square$

⓬
$2 \times 7 = \square$
$10 \times 7 = \square$
$100 \times 7 = \square$
$112 \times 7 = \square$

정답 92쪽

공부한 날짜	맞힌 개수	걸린 시간
월 일	/33	분

곱셈을 하세요.

⑬ 437×2

⑳ 114×6

㉗ 345×2

⑭ 225×3

㉑ 136×2

㉘ 215×4

⑮ 115×5

㉒ 223×4

㉙ 327×3

⑯ 139×2

㉓ 349×2

㉚ 118×2

⑰ 119×2

㉔ 319×3

㉛ 319×2

⑱ 325×3

㉕ 327×2

㉜ 228×3

⑲ 219×4

㉖ 248×2

㉝ 429×2

05 올림이 한 번 있는 (세 자리 수)×(한 자리 수)② 복습 A

곱셈을 하세요.

❶ 151×4

50 × 4 = 200에서 200을 백의 자리로 올림해요.

❷ 711×3

❸ 281×3

❹ 422×3

❺ 121×7

❻ 611×5

❼ 452×2

❽ 211×7

❾ 163×3

❿ 931×3

⓫ 141×5

⓬ 911×9

⓭ 182×3

⓮ 263×3

⓯ 523×3

정답 93쪽

공부한 날짜	맞힌 개수	걸린 시간
월 일	/30	분

곱셈을 하세요.

⑯ $\begin{array}{r} 712 \\ \times \quad 2 \\ \hline \end{array}$

⑰ $\begin{array}{r} 181 \\ \times \quad 5 \\ \hline \end{array}$

⑱ $\begin{array}{r} 722 \\ \times \quad 3 \\ \hline \end{array}$

⑲ $\begin{array}{r} 243 \\ \times \quad 3 \\ \hline \end{array}$

⑳ $\begin{array}{r} 511 \\ \times \quad 8 \\ \hline \end{array}$

㉑ $\begin{array}{r} 153 \\ \times \quad 3 \\ \hline \end{array}$

㉒ $\begin{array}{r} 262 \\ \times \quad 3 \\ \hline \end{array}$

㉓ $\begin{array}{r} 643 \\ \times \quad 2 \\ \hline \end{array}$

㉔ $\begin{array}{r} 541 \\ \times \quad 2 \\ \hline \end{array}$

㉕ $\begin{array}{r} 822 \\ \times \quad 4 \\ \hline \end{array}$

㉖ $\begin{array}{r} 192 \\ \times \quad 2 \\ \hline \end{array}$

㉗ $\begin{array}{r} 521 \\ \times \quad 2 \\ \hline \end{array}$

㉘ $\begin{array}{r} 483 \\ \times \quad 2 \\ \hline \end{array}$

㉙ $\begin{array}{r} 151 \\ \times \quad 6 \\ \hline \end{array}$

㉚ $\begin{array}{r} 454 \\ \times \quad 2 \\ \hline \end{array}$

06 올림이 한 번 있는 (세 자리 수)×(한 자리 수)② 복습 B

□ 안에 알맞은 수를 써넣으세요.

1

$3 \times 2 =$ □

$90 \times 2 =$ □

$100 \times 2 =$ □

$193 \times 2 =$ □

2

$3 \times 2 =$ □

$60 \times 2 =$ □

$400 \times 2 =$ □

$463 \times 2 =$ □

3

$3 \times 3 =$ □

$30 \times 3 =$ □

$700 \times 3 =$ □

$733 \times 3 =$ □

4

$2 \times 2 =$ □

$60 \times 2 =$ □

$400 \times 2 =$ □

$462 \times 2 =$ □

5

$2 \times 3 =$ □

$50 \times 3 =$ □

$200 \times 3 =$ □

$252 \times 3 =$ □

6

$2 \times 2 =$ □

$20 \times 2 =$ □

$500 \times 2 =$ □

$522 \times 2 =$ □

7

$4 \times 2 =$ □

$50 \times 2 =$ □

$100 \times 2 =$ □

$154 \times 2 =$ □

8

$4 \times 2 =$ □

$40 \times 2 =$ □

$600 \times 2 =$ □

$644 \times 2 =$ □

9

$1 \times 3 =$ □

$30 \times 3 =$ □

$500 \times 3 =$ □

$531 \times 3 =$ □

10

$4 \times 2 =$ □

$60 \times 2 =$ □

$400 \times 2 =$ □

$464 \times 2 =$ □

11

$3 \times 2 =$ □

$20 \times 2 =$ □

$900 \times 2 =$ □

$923 \times 2 =$ □

12

$2 \times 4 =$ □

$30 \times 4 =$ □

$200 \times 4 =$ □

$232 \times 4 =$ □

정답 93쪽

공부한 날짜	맞힌 개수	걸린 시간
월 일	/33	분

곱셈을 하세요.

⑬ 643×2

⑭ 721×3

⑮ 411×4

⑯ 471×2

⑰ 241×4

⑱ 924×2

⑲ 741×2

⑳ 461×2

㉑ 292×3

㉒ 251×3

㉓ 322×4

㉔ 731×3

㉕ 162×3

㉖ 231×4

㉗ 191×3

㉘ 633×3

㉙ 533×3

㉚ 241×4

㉛ 183×3

㉜ 811×4

㉝ 484×2

07 올림이 여러 번 있는 (세 자리 수)×(한 자리 수) 복습 A

곱셈을 하세요.

❶ 366×3

① 6 × 3 = 18에서 10을 십의 자리로 올림해요.
② 60 × 3 + 10 = 190에서 100을 백의 자리로 올림해요.

❷ 466×2

❸ 145×9

❹ 288×3

❺ 287×3

❻ 916×2

❼ 738×2

❽ 538×3

❾ 515×4

❿ 415×6

⓫ 731×8

⓬ 584×2

⓭ 453×3

⓮ 562×2

⓯ 962×2

정답 93쪽

공부한 날짜	맞힌 개수	걸린 시간
월 일	/30	분

곱셈을 하세요.

16. $\begin{array}{r} 375 \\ \times\quad 3 \\ \hline \end{array}$

17. $\begin{array}{r} 268 \\ \times\quad 4 \\ \hline \end{array}$

18. $\begin{array}{r} 154 \\ \times\quad 3 \\ \hline \end{array}$

19. $\begin{array}{r} 476 \\ \times\quad 2 \\ \hline \end{array}$

20. $\begin{array}{r} 275 \\ \times\quad 2 \\ \hline \end{array}$

21. $\begin{array}{r} 413 \\ \times\quad 6 \\ \hline \end{array}$

22. $\begin{array}{r} 926 \\ \times\quad 3 \\ \hline \end{array}$

23. $\begin{array}{r} 514 \\ \times\quad 9 \\ \hline \end{array}$

24. $\begin{array}{r} 325 \\ \times\quad 4 \\ \hline \end{array}$

25. $\begin{array}{r} 838 \\ \times\quad 2 \\ \hline \end{array}$

26. $\begin{array}{r} 651 \\ \times\quad 7 \\ \hline \end{array}$

27. $\begin{array}{r} 553 \\ \times\quad 2 \\ \hline \end{array}$

28. $\begin{array}{r} 973 \\ \times\quad 3 \\ \hline \end{array}$

29. $\begin{array}{r} 652 \\ \times\quad 3 \\ \hline \end{array}$

30. $\begin{array}{r} 872 \\ \times\quad 4 \\ \hline \end{array}$

08 올림이 여러 번 있는 (세 자리 수)×(한 자리 수) 복습 B

☐ 안에 알맞은 수를 써넣으세요.

❶
$4 \times 4 = \square$
$40 \times 4 = \square$
$200 \times 4 = \square$
$244 \times 4 = \square$

❷
$9 \times 2 = \square$
$60 \times 2 = \square$
$300 \times 2 = \square$
$369 \times 2 = \square$

❸
$9 \times 2 = \square$
$50 \times 2 = \square$
$400 \times 2 = \square$
$459 \times 2 = \square$

❹
$2 \times 9 = \square$
$80 \times 9 = \square$
$100 \times 9 = \square$
$182 \times 9 = \square$

❺
$5 \times 3 = \square$
$20 \times 3 = \square$
$500 \times 3 = \square$
$525 \times 3 = \square$

❻
$9 \times 4 = \square$
$20 \times 4 = \square$
$700 \times 4 = \square$
$729 \times 4 = \square$

❼
$8 \times 4 = \square$
$20 \times 4 = \square$
$800 \times 4 = \square$
$828 \times 4 = \square$

❽
$9 \times 2 = \square$
$40 \times 2 = \square$
$600 \times 2 = \square$
$649 \times 2 = \square$

❾
$1 \times 7 = \square$
$30 \times 7 = \square$
$300 \times 7 = \square$
$331 \times 7 = \square$

❿
$2 \times 2 = \square$
$90 \times 2 = \square$
$700 \times 2 = \square$
$792 \times 2 = \square$

⓫
$3 \times 2 = \square$
$90 \times 2 = \square$
$600 \times 2 = \square$
$693 \times 2 = \square$

⓬
$2 \times 2 = \square$
$90 \times 2 = \square$
$900 \times 2 = \square$
$992 \times 2 = \square$

정답 93쪽

공부한 날짜	맞힌 개수	걸린 시간
월 일	/33	분

곱셈을 하세요.

⑬ 195 × 8

⑳ 834 × 3

㉗ 473 × 3

⑭ 378 × 2

㉑ 627 × 4

㉘ 874 × 2

⑮ 469 × 2

㉒ 549 × 2

㉙ 462 × 4

⑯ 198 × 2

㉓ 937 × 2

㉚ 231 × 6

⑰ 185 × 2

㉔ 749 × 2

㉛ 793 × 3

⑱ 236 × 4

㉕ 623 × 4

㉜ 663 × 2

⑲ 276 × 4

㉖ 826 × 3

㉝ 974 × 2

09 (몇십)×(몇십)

복습 A

□ 안에 알맞은 수를 써넣으세요.

① 9 × 5 = 45 ➡ 90 × 50 = □ (10배, 10배, 100배)

② 5 × 8 = 40 ➡ 50 × 80 = □ (10배, 10배, 100배)

③ 2 × 3 = 6 ➡ 20 × 30 = □ (10배, 10배, 100배)

④ 7 × 6 = 42 ➡ 70 × 60 = □ (10배, 10배, 100배)

⑤ 5 × 1 = 5 ➡ 50 × 10 = □ (10배, 10배, 100배)

⑥ 2 × 6 = 12 ➡ 20 × 60 = □ (10배, 10배, 100배)

⑦ 3 × 3 = 9 ➡ 30 × 30 = □ (10배, 10배, 100배)

⑧ 8 × 1 = 8 ➡ 80 × 10 = □ (10배, 10배, 100배)

⑨ 6 × 6 = 36 ➡ 60 × 60 = □ (10배, 10배, 100배)

⑩ 6 × 8 = 48 ➡ 60 × 80 = □ (10배, 10배, 100배)

⑪ 3 × 9 = 27 ➡ 30 × 90 = □ (10배, 10배, 100배)

⑫ 4 × 5 = 20 ➡ 40 × 50 = □ (10배, 10배, 100배)

정답 94쪽

공부한 날짜	맞힌 개수	걸린 시간
월 일	/33	분

곱셈을 하세요.

⑬ 60×10

⑭ 40×80

⑮ 80×90

⑯ 70×80

⑰ 50×90

⑱ 80×20

⑲ 40×60

⑳ 80×30

㉑ 70×10

㉒ 40×30

㉓ 30×50

㉔ 90×80

㉕ 50×50

㉖ 60×30

㉗ 50×40

㉘ 90×60

㉙ 70×20

㉚ 80×40

㉛ 20×40

㉜ 70×40

㉝ 90×40

10 (몇십)×(몇십) 복습 B

곱셈을 하세요.

❶ $\begin{array}{r} 80 \\ \times\ 10 \\ \hline \end{array}$

8 × 1의 계산 결과 뒤에 0을 두 개 내려 써요.

❷ $\begin{array}{r} 30 \\ \times\ 70 \\ \hline \end{array}$

❸ $\begin{array}{r} 30 \\ \times\ 40 \\ \hline \end{array}$

❹ $\begin{array}{r} 80 \\ \times\ 60 \\ \hline \end{array}$

❺ $\begin{array}{r} 90 \\ \times\ 70 \\ \hline \end{array}$

❻ $\begin{array}{r} 60 \\ \times\ 40 \\ \hline \end{array}$

❼ $\begin{array}{r} 70 \\ \times\ 50 \\ \hline \end{array}$

❽ $\begin{array}{r} 40 \\ \times\ 30 \\ \hline \end{array}$

❾ $\begin{array}{r} 20 \\ \times\ 20 \\ \hline \end{array}$

❿ $\begin{array}{r} 40 \\ \times\ 60 \\ \hline \end{array}$

⓫ $\begin{array}{r} 20 \\ \times\ 50 \\ \hline \end{array}$

⓬ $\begin{array}{r} 60 \\ \times\ 30 \\ \hline \end{array}$

⓭ $\begin{array}{r} 90 \\ \times\ 90 \\ \hline \end{array}$

⓮ $\begin{array}{r} 70 \\ \times\ 40 \\ \hline \end{array}$

⓯ $\begin{array}{r} 40 \\ \times\ 50 \\ \hline \end{array}$

정답 94쪽

공부한 날짜	맞힌 개수	걸린 시간
월 일	/30	분

곱셈을 하세요.

⑯ $\begin{array}{r} 60 \\ \times\ 90 \\ \hline \end{array}$

㉑ $\begin{array}{r} 30 \\ \times\ 80 \\ \hline \end{array}$

㉖ $\begin{array}{r} 80 \\ \times\ 50 \\ \hline \end{array}$

⑰ $\begin{array}{r} 40 \\ \times\ 80 \\ \hline \end{array}$

㉒ $\begin{array}{r} 90 \\ \times\ 20 \\ \hline \end{array}$

㉗ $\begin{array}{r} 30 \\ \times\ 60 \\ \hline \end{array}$

⑱ $\begin{array}{r} 80 \\ \times\ 80 \\ \hline \end{array}$

㉓ $\begin{array}{r} 20 \\ \times\ 80 \\ \hline \end{array}$

㉘ $\begin{array}{r} 90 \\ \times\ 40 \\ \hline \end{array}$

⑲ $\begin{array}{r} 50 \\ \times\ 20 \\ \hline \end{array}$

㉔ $\begin{array}{r} 60 \\ \times\ 20 \\ \hline \end{array}$

㉙ $\begin{array}{r} 50 \\ \times\ 60 \\ \hline \end{array}$

⑳ $\begin{array}{r} 70 \\ \times\ 10 \\ \hline \end{array}$

㉕ $\begin{array}{r} 70 \\ \times\ 80 \\ \hline \end{array}$

㉚ $\begin{array}{r} 20 \\ \times\ 90 \\ \hline \end{array}$

11 (몇십몇)×(몇십) 복습 A

□ 안에 알맞은 수를 써넣으세요.

❶ 38×4=152 ➡ 38×□=□
10배
10배

❷ 93×3=279 ➡ 93×□=□
10배
10배

❸ 59×3=177 ➡ 59×□=□
10배
10배

❹ 23×2=46 ➡ 23×□=□
10배
10배

❺ 82×9=738 ➡ 82×□=□
10배
10배

❻ 79×3=237 ➡ 79×□=□
10배
10배

❼ 43×8=344 ➡ 43×□=□
10배
10배

❽ 78×3=234 ➡ 78×□=□
10배
10배

❾ 97×4=388 ➡ 97×□=□
10배
10배

❿ 76×9=684 ➡ 76×□=□
10배
10배

⓫ 33×3=99 ➡ 33×□=□
10배
10배

⓬ 62×6=372 ➡ 62×□=□
10배
10배

정답 94쪽

공부한 날짜	맞힌 개수	걸린 시간
월 일	/33	분

곱셈을 하세요.

⑬ 92×20

⑭ 63×60

⑮ 44×70

⑯ 88×30

⑰ 27×70

⑱ 76×50

⑲ 47×20

⑳ 52×50

㉑ 83×60

㉒ 75×90

㉓ 55×80

㉔ 93×90

㉕ 53×50

㉖ 84×70

㉗ 72×60

㉘ 24×20

㉙ 39×80

㉚ 88×80

㉛ 65×90

㉜ 34×90

㉝ 68×30

12 (몇십몇)×(몇십)

복습 B

곱셈을 하세요.

① 77×70

77 × 7의 계산 결과 뒤에 0을 한 개 내려 써요.

② 23×80

③ 98×30

④ 77×50

⑤ 65×30

⑥ 88×40

⑦ 97×70

⑧ 89×40

⑨ 38×60

⑩ 65×60

⑪ 44×30

⑫ 46×30

⑬ 37×30

⑭ 72×30

⑮ 88×60

정답 94쪽

공부한 날짜	맞힌 개수	걸린 시간
월 일	/30	분

곱셈을 하세요.

⑯ 44×80

㉑ 62×30

㉖ 95×90

⑰ 38×80

㉒ 68×90

㉗ 95×50

⑱ 84×30

㉓ 83×40

㉘ 28×70

⑲ 52×30

㉔ 73×80

㉙ 74×90

⑳ 75×20

㉕ 35×30

㉚ 86×80

13 (몇)×(몇십몇)

복습 A

곱셈을 하세요.

❶ $\begin{array}{r} 7 \\ \times\ 55 \\ \hline \end{array}$

① 7 × 5 = 35에서 30을 십의 자리로 올림해요.
② 7 × 50의 계산 결과에 올림한 30을 더해요.

❷ $\begin{array}{r} 5 \\ \times\ 36 \\ \hline \end{array}$

❸ $\begin{array}{r} 3 \\ \times\ 76 \\ \hline \end{array}$

❹ $\begin{array}{r} 5 \\ \times\ 27 \\ \hline \end{array}$

❺ $\begin{array}{r} 8 \\ \times\ 42 \\ \hline \end{array}$

❻ $\begin{array}{r} 7 \\ \times\ 26 \\ \hline \end{array}$

❼ $\begin{array}{r} 2 \\ \times\ 99 \\ \hline \end{array}$

❽ $\begin{array}{r} 5 \\ \times\ 48 \\ \hline \end{array}$

❾ $\begin{array}{r} 9 \\ \times\ 86 \\ \hline \end{array}$

❿ $\begin{array}{r} 5 \\ \times\ 63 \\ \hline \end{array}$

⓫ $\begin{array}{r} 9 \\ \times\ 85 \\ \hline \end{array}$

⓬ $\begin{array}{r} 6 \\ \times\ 66 \\ \hline \end{array}$

⓭ $\begin{array}{r} 5 \\ \times\ 39 \\ \hline \end{array}$

⓮ $\begin{array}{r} 5 \\ \times\ 96 \\ \hline \end{array}$

⓯ $\begin{array}{r} 9 \\ \times\ 53 \\ \hline \end{array}$

정답 95쪽

공부한 날짜	맞힌 개수	걸린 시간
월 일	/30	분

곱셈을 하세요.

⑯ $\begin{array}{r} 8 \\ \times\ 37 \\ \hline \end{array}$

⑰ $\begin{array}{r} 3 \\ \times\ 94 \\ \hline \end{array}$

⑱ $\begin{array}{r} 2 \\ \times\ 42 \\ \hline \end{array}$

⑲ $\begin{array}{r} 4 \\ \times\ 28 \\ \hline \end{array}$

⑳ $\begin{array}{r} 2 \\ \times\ 68 \\ \hline \end{array}$

㉑ $\begin{array}{r} 7 \\ \times\ 78 \\ \hline \end{array}$

㉒ $\begin{array}{r} 3 \\ \times\ 56 \\ \hline \end{array}$

㉓ $\begin{array}{r} 8 \\ \times\ 92 \\ \hline \end{array}$

㉔ $\begin{array}{r} 5 \\ \times\ 87 \\ \hline \end{array}$

㉕ $\begin{array}{r} 4 \\ \times\ 58 \\ \hline \end{array}$

㉖ $\begin{array}{r} 2 \\ \times\ 62 \\ \hline \end{array}$

㉗ $\begin{array}{r} 4 \\ \times\ 29 \\ \hline \end{array}$

㉘ $\begin{array}{r} 7 \\ \times\ 89 \\ \hline \end{array}$

㉙ $\begin{array}{r} 6 \\ \times\ 49 \\ \hline \end{array}$

㉚ $\begin{array}{r} 3 \\ \times\ 34 \\ \hline \end{array}$

14 (몇)×(몇십몇) 복습 B

☐ 안에 알맞은 수를 써넣으세요.

❶
$4 \times 5 = \square$
$4 \times 30 = \square$
$4 \times 35 = \square$

❷
$4 \times 5 = \square$
$4 \times 60 = \square$
$4 \times 65 = \square$

❸
$7 \times 6 = \square$
$7 \times 80 = \square$
$7 \times 86 = \square$

❹
$8 \times 5 = \square$
$8 \times 90 = \square$
$8 \times 95 = \square$

❺
$6 \times 5 = \square$
$6 \times 50 = \square$
$6 \times 55 = \square$

❻
$8 \times 5 = \square$
$8 \times 70 = \square$
$8 \times 75 = \square$

❼
$5 \times 8 = \square$
$5 \times 90 = \square$
$5 \times 98 = \square$

❽
$4 \times 3 = \square$
$4 \times 40 = \square$
$4 \times 43 = \square$

❾
$5 \times 4 = \square$
$5 \times 20 = \square$
$5 \times 24 = \square$

❿
$5 \times 8 = \square$
$5 \times 80 = \square$
$5 \times 88 = \square$

⓫
$4 \times 6 = \square$
$4 \times 20 = \square$
$4 \times 26 = \square$

⓬
$7 \times 2 = \square$
$7 \times 60 = \square$
$7 \times 62 = \square$

⓭
$5 \times 8 = \square$
$5 \times 30 = \square$
$5 \times 38 = \square$

⓮
$8 \times 3 = \square$
$8 \times 90 = \square$
$8 \times 93 = \square$

⓯
$4 \times 2 = \square$
$4 \times 40 = \square$
$4 \times 42 = \square$

정답 95쪽

공부한 날짜	맞힌 개수	걸린 시간
월 일	/36	분

곱셈을 하세요.

⑯ 9×44

㉓ 2×79

㉚ 3×27

⑰ 7×85

㉔ 3×66

㉛ 9×88

⑱ 6×37

㉕ 3×73

㉜ 7×33

⑲ 3×54

㉖ 2×85

㉝ 9×58

⑳ 2×93

㉗ 5×25

㉞ 5×74

㉑ 8×64

㉘ 6×98

㉟ 9×46

㉒ 8×28

㉙ 2×69

㊱ 7×38

15 올림이 한 번 있는 (몇십몇)×(몇십몇) 복습 A

곱셈을 하세요.

1. $\begin{array}{r} 23 \\ \times\ 24 \\ \hline \end{array}$

   ① 23 × 4 = 92
   ② 23 × 20 = 460
   ③ 92 + 460 = 552

6. $\begin{array}{r} 14 \\ \times\ 16 \\ \hline \end{array}$

11. $\begin{array}{r} 47 \\ \times\ 12 \\ \hline \end{array}$

2. $\begin{array}{r} 15 \\ \times\ 15 \\ \hline \end{array}$

7. $\begin{array}{r} 23 \\ \times\ 14 \\ \hline \end{array}$

12. $\begin{array}{r} 18 \\ \times\ 15 \\ \hline \end{array}$

3. $\begin{array}{r} 19 \\ \times\ 14 \\ \hline \end{array}$

8. $\begin{array}{r} 14 \\ \times\ 23 \\ \hline \end{array}$

13. $\begin{array}{r} 13 \\ \times\ 27 \\ \hline \end{array}$

4. $\begin{array}{r} 12 \\ \times\ 18 \\ \hline \end{array}$

9. $\begin{array}{r} 24 \\ \times\ 14 \\ \hline \end{array}$

14. $\begin{array}{r} 17 \\ \times\ 13 \\ \hline \end{array}$

5. $\begin{array}{r} 12 \\ \times\ 48 \\ \hline \end{array}$

10. $\begin{array}{r} 28 \\ \times\ 13 \\ \hline \end{array}$

15. $\begin{array}{r} 36 \\ \times\ 12 \\ \hline \end{array}$

정답 95쪽

공부한 날짜	맞힌 개수	걸린 시간
월 일	/30	분

곱셈을 하세요.

⑯ $\begin{array}{r} 81 \\ \times\ 13 \\ \hline \end{array}$

⑰ $\begin{array}{r} 41 \\ \times\ 23 \\ \hline \end{array}$

⑱ $\begin{array}{r} 31 \\ \times\ 17 \\ \hline \end{array}$

⑲ $\begin{array}{r} 61 \\ \times\ 14 \\ \hline \end{array}$

⑳ $\begin{array}{r} 21 \\ \times\ 48 \\ \hline \end{array}$

㉑ $\begin{array}{r} 21 \\ \times\ 16 \\ \hline \end{array}$

㉒ $\begin{array}{r} 51 \\ \times\ 13 \\ \hline \end{array}$

㉓ $\begin{array}{r} 91 \\ \times\ 14 \\ \hline \end{array}$

㉔ $\begin{array}{r} 71 \\ \times\ 19 \\ \hline \end{array}$

㉕ $\begin{array}{r} 91 \\ \times\ 12 \\ \hline \end{array}$

㉖ $\begin{array}{r} 71 \\ \times\ 12 \\ \hline \end{array}$

㉗ $\begin{array}{r} 31 \\ \times\ 36 \\ \hline \end{array}$

㉘ $\begin{array}{r} 81 \\ \times\ 17 \\ \hline \end{array}$

㉙ $\begin{array}{r} 51 \\ \times\ 19 \\ \hline \end{array}$

㉚ $\begin{array}{r} 41 \\ \times\ 26 \\ \hline \end{array}$

16 올림이 한 번 있는 (몇십몇)×(몇십몇) 복습 B

◆ □ 안에 알맞은 수를 써넣으세요.

❶ $35 \times 12 = 35 \times 10 + 35 \times \square$
$= 350 + \square$
$= \square$

12를 10과 2로 나누어 35와 곱한 후 모두 더해요.

❷ $19 \times 13 = 19 \times 10 + 19 \times \square$
$= 190 + \square$
$= \square$

❸ $29 \times 13 = 29 \times 10 + 29 \times \square$
$= 290 + \square$
$= \square$

❹ $15 \times 13 = 15 \times 10 + 15 \times \square$
$= 150 + \square$
$= \square$

❺ $46 \times 12 = 46 \times 10 + 46 \times \square$
$= 460 + \square$
$= \square$

❻ $25 \times 12 = 25 \times 10 + 25 \times \square$
$= 250 + \square$
$= \square$

❼ $14 \times 15 = 14 \times 10 + 14 \times \square$
$= 140 + \square$
$= \square$

❽ $37 \times 12 = 37 \times 10 + 37 \times \square$
$= 370 + \square$
$= \square$

❾ $18 \times 13 = 18 \times 10 + 18 \times \square$
$= 180 + \square$
$= \square$

❿ $23 \times 24 = 23 \times 20 + 23 \times \square$
$= 460 + \square$
$= \square$

정답 95쪽

공부한 날짜	맞힌 개수	걸린 시간
월 일	/31	분

곱셈을 하세요.

⑪ 71 × 17

⑱ 41 × 29

㉕ 42 × 13

⑫ 91 × 19

⑲ 21 × 49

㉖ 31 × 16

⑬ 41 × 27

⑳ 81 × 12

㉗ 51 × 18

⑭ 74 × 12

㉑ 21 × 18

㉘ 82 × 13

⑮ 31 × 38

㉒ 61 × 15

㉙ 72 × 12

⑯ 51 × 14

㉓ 63 × 13

㉚ 21 × 36

⑰ 71 × 15

㉔ 91 × 17

㉛ 41 × 15

17 올림이 여러 번 있는 (몇십몇)×(몇십몇) 복습 A

곱셈을 하세요.

❶ 52×69

① 52 × 9 = 468
② 52 × 60 = 3120
③ 468 + 3120 = 3588

❷ 97×32

❸ 84×56

❹ 63×77

❺ 75×22

❻ 44×68

❼ 78×82

❽ 59×22

❾ 44×77

❿ 64×94

⓫ 87×33

⓬ 33×47

⓭ 32×64

⓮ 96×54

⓯ 27×23

정답 96쪽

공부한 날짜	맞힌 개수	걸린 시간
월 일	/30	분

곱셈을 하세요.

⑯ $\begin{array}{r} 56 \\ \times\ 55 \\ \hline \end{array}$

⑰ $\begin{array}{r} 79 \\ \times\ 96 \\ \hline \end{array}$

⑱ $\begin{array}{r} 36 \\ \times\ 84 \\ \hline \end{array}$

⑲ $\begin{array}{r} 88 \\ \times\ 82 \\ \hline \end{array}$

⑳ $\begin{array}{r} 56 \\ \times\ 44 \\ \hline \end{array}$

㉑ $\begin{array}{r} 99 \\ \times\ 28 \\ \hline \end{array}$

㉒ $\begin{array}{r} 28 \\ \times\ 64 \\ \hline \end{array}$

㉓ $\begin{array}{r} 42 \\ \times\ 59 \\ \hline \end{array}$

㉔ $\begin{array}{r} 65 \\ \times\ 53 \\ \hline \end{array}$

㉕ $\begin{array}{r} 89 \\ \times\ 39 \\ \hline \end{array}$

㉖ $\begin{array}{r} 47 \\ \times\ 95 \\ \hline \end{array}$

㉗ $\begin{array}{r} 64 \\ \times\ 56 \\ \hline \end{array}$

㉘ $\begin{array}{r} 94 \\ \times\ 86 \\ \hline \end{array}$

㉙ $\begin{array}{r} 77 \\ \times\ 98 \\ \hline \end{array}$

㉚ $\begin{array}{r} 37 \\ \times\ 93 \\ \hline \end{array}$

18 올림이 여러 번 있는 (몇십몇)×(몇십몇) 복습 B

□ 안에 알맞은 수를 써넣으세요.

① $12 \times 87 = 12 \times 80 + 12 \times \square$
$= 960 + \square$
$= \square$

87을 80과 7로 나누어 12와 곱한 후 모두 더해요.

② $83 \times 77 = 83 \times 70 + 83 \times \square$
$= 5810 + \square$
$= \square$

③ $43 \times 68 = 43 \times 60 + 43 \times \square$
$= 2580 + \square$
$= \square$

④ $34 \times 36 = 34 \times 30 + 34 \times \square$
$= 1020 + \square$
$= \square$

⑤ $98 \times 32 = 98 \times 30 + 98 \times \square$
$= 2940 + \square$
$= \square$

⑥ $53 \times 97 = 53 \times 90 + 53 \times \square$
$= 4770 + \square$
$= \square$

⑦ $77 \times 73 = 77 \times 70 + 77 \times \square$
$= 5390 + \square$
$= \square$

⑧ $62 \times 76 = 62 \times 70 + 62 \times \square$
$= 4340 + \square$
$= \square$

⑨ $17 \times 44 = 17 \times 40 + 17 \times \square$
$= 680 + \square$
$= \square$

⑩ $25 \times 35 = 25 \times 30 + 25 \times \square$
$= 750 + \square$
$= \square$

정답 96쪽

공부한 날짜	맞힌 개수	걸린 시간
월 일	/31	분

곱셈을 하세요.

⑪ 98×27

⑱ 14×87

㉕ 73×44

⑫ 35×25

⑲ 66×42

㉖ 45×86

⑬ 88×42

⑳ 57×44

㉗ 89×49

⑭ 39×92

㉑ 49×43

㉘ 29×75

⑮ 54×76

㉒ 23×57

㉙ 79×56

⑯ 28×82

㉓ 65×45

㉚ 16×55

⑰ 94×75

㉔ 22×78

㉛ 37×74

01 (몇십)÷(몇) 복습 A

◆ □ 안에 알맞은 수를 써넣으세요.

❶ 10배 / 10배
$8 \div 2 = 4 \Rightarrow 80 \div 2 = \square$

❷ 10배 / 10배
$6 \div 2 = 3 \Rightarrow 60 \div 2 = \square$

❸ 10배 / 10배
$9 \div 9 = 1 \Rightarrow 90 \div 9 = \square$

❹ 10배 / 10배
$4 \div 4 = 1 \Rightarrow 40 \div 4 = \square$

❺ 10배 / 10배
$8 \div 4 = 2 \Rightarrow 80 \div 4 = \square$

❻ 10배 / 10배
$9 \div 3 = 3 \Rightarrow 90 \div 3 = \square$

❼ 10배 / 10배
$2 \div 2 = 1 \Rightarrow 20 \div 2 = \square$

❽ 10배 / 10배
$3 \div 3 = 1 \Rightarrow 30 \div 3 = \square$

❾ 10배 / 10배
$7 \div 7 = 1 \Rightarrow 70 \div 7 = \square$

❿ 10배 / 10배
$6 \div 3 = 2 \Rightarrow 60 \div 3 = \square$

⓫ 10배 / 10배
$4 \div 2 = 2 \Rightarrow 40 \div 2 = \square$

⓬ 10배 / 10배
$5 \div 5 = 1 \Rightarrow 50 \div 5 = \square$

정답 97쪽

공부한 날짜	맞힌 개수	걸린 시간
월 일	/27	분

나눗셈을 하세요.

⑬ $2\overline{)80}$

⑱ $2\overline{)20}$

㉓ $3\overline{)90}$

⑭ $8\overline{)80}$

⑲ $2\overline{)40}$

㉔ $4\overline{)40}$

⑮ $3\overline{)60}$

⑳ $7\overline{)70}$

㉕ $9\overline{)90}$

⑯ $4\overline{)80}$

㉑ $2\overline{)60}$

㉖ $5\overline{)50}$

⑰ $3\overline{)30}$

㉒ $6\overline{)60}$

㉗ $2\overline{)80}$

02 (몇십)÷(몇)

복습 B

나눗셈을 하세요.

1. $2\overline{)\,9\ 0}$

2. $5\overline{)\,9\ 0}$

3. $4\overline{)\,6\ 0}$

4. $2\overline{)\,3\ 0}$

5. $5\overline{)\,6\ 0}$

6. $2\overline{)\,9\ 0}$

7. $4\overline{)\,6\ 0}$

8. $5\overline{)\,7\ 0}$

9. $5\overline{)\,8\ 0}$

10. $2\overline{)\,7\ 0}$

11. $5\overline{)\,7\ 0}$

12. $5\overline{)\,8\ 0}$

13. $2\overline{)\,5\ 0}$

14. $6\overline{)\,9\ 0}$

15. $5\overline{)\,6\ 0}$

16. $5\overline{)\,9\ 0}$

17. $6\overline{)\,9\ 0}$

18. $5\overline{)\,7\ 0}$

정답 97쪽

공부한 날짜	맞힌 개수	걸린 시간
월 일	/36	분

나눗셈을 하세요.

⑲ $5\overline{)70}$

⑳ $5\overline{)90}$

㉑ $6\overline{)90}$

㉒ $2\overline{)50}$

㉓ $6\overline{)90}$

㉔ $2\overline{)90}$

㉕ $2\overline{)70}$

㉖ $4\overline{)60}$

㉗ $2\overline{)90}$

㉘ $5\overline{)90}$

㉙ $2\overline{)50}$

㉚ $5\overline{)80}$

㉛ $5\overline{)80}$

㉜ $2\overline{)30}$

㉝ $5\overline{)60}$

㉞ $4\overline{)60}$

㉟ $5\overline{)60}$

㊱ $5\overline{)70}$

03 나머지가 없고 내림이 없는 (몇십몇)÷(몇) 복습 A

나눗셈을 하세요.

❶ $2\overline{)66}$

❷ $3\overline{)36}$

❸ $3\overline{)66}$

❹ $2\overline{)42}$

❺ $3\overline{)96}$

❻ $2\overline{)46}$

❼ $2\overline{)26}$

❽ $4\overline{)48}$

❾ $2\overline{)82}$

❿ $3\overline{)93}$

⓫ $2\overline{)62}$

⓬ $2\overline{)64}$

⓭ $2\overline{)88}$

⓮ $6\overline{)66}$

⓯ $2\overline{)48}$

⓰ $8\overline{)88}$

⓱ $2\overline{)24}$

⓲ $2\overline{)84}$

정답 97쪽

공부한 날짜	맞힌 개수	걸린 시간
월 일	/36	분

나눗셈을 하세요.

⑲ $2\overline{)28}$

⑳ $3\overline{)69}$

㉑ $2\overline{)22}$

㉒ $4\overline{)88}$

㉓ $3\overline{)33}$

㉔ $3\overline{)63}$

㉕ $3\overline{)99}$

㉖ $2\overline{)86}$

㉗ $4\overline{)84}$

㉘ $3\overline{)39}$

㉙ $7\overline{)77}$

㉚ $4\overline{)48}$

㉛ $9\overline{)99}$

㉜ $2\overline{)44}$

㉝ $2\overline{)68}$

㉞ $4\overline{)44}$

㉟ $5\overline{)55}$

㊱ $3\overline{)36}$

04 나머지가 없고 내림이 없는 (몇십몇)÷(몇) 복습 B

나눗셈을 하세요.

❶ $48 \div 4$

$4 \times 12 = 48$

❷ $84 \div 2$

❸ $48 \div 2$

❹ $99 \div 3$

❺ $28 \div 2$

❻ $88 \div 4$

❼ $82 \div 2$

❽ $68 \div 2$

❾ $84 \div 4$

❿ $39 \div 3$

⓫ $88 \div 8$

⓬ $69 \div 3$

⓭ $46 \div 2$

⓮ $33 \div 3$

⓯ $24 \div 2$

⓰ $66 \div 6$

⓱ $86 \div 2$

⓲ $42 \div 2$

⓳ $55 \div 5$

⓴ $36 \div 3$

㉑ $64 \div 2$

정답 97쪽

공부한 날짜	맞힌 개수	걸린 시간
월 일	/42	분

나눗셈을 하세요.

㉒ $63 \div 3$

㉙ $96 \div 3$

㊱ $26 \div 2$

㉓ $88 \div 2$

㉚ $44 \div 4$

㊲ $99 \div 9$

㉔ $66 \div 2$

㉛ $62 \div 2$

㊳ $66 \div 3$

㉕ $77 \div 7$

㉜ $84 \div 4$

㊴ $48 \div 2$

㉖ $42 \div 2$

㉝ $24 \div 2$

㊵ $68 \div 2$

㉗ $99 \div 3$

㉞ $69 \div 3$

㊶ $39 \div 3$

㉘ $84 \div 2$

㉟ $48 \div 4$

㊷ $28 \div 2$

05 나머지가 없고 내림이 있는 (몇십몇)÷(몇) 복습 A

나눗셈을 하세요.

❶ $6\overline{)90}$

❷ $3\overline{)81}$

❸ $4\overline{)76}$

❹ $3\overline{)42}$

❺ $4\overline{)60}$

❻ $2\overline{)54}$

❼ $2\overline{)34}$

❽ $3\overline{)45}$

❾ $8\overline{)96}$

❿ $3\overline{)75}$

⓫ $5\overline{)85}$

⓬ $5\overline{)75}$

⓭ $2\overline{)76}$

⓮ $7\overline{)91}$

⓯ $5\overline{)60}$

⓰ $4\overline{)92}$

⓱ $3\overline{)54}$

⓲ $5\overline{)90}$

정답 98쪽

공부한 날짜	맞힌 개수	걸린 시간
월 일	/36	분

나눗셈을 하세요.

⑲ $2\overline{)92}$

⑳ $2\overline{)36}$

㉑ $3\overline{)51}$

㉒ $6\overline{)84}$

㉓ $3\overline{)84}$

㉔ $2\overline{)74}$

㉕ $4\overline{)52}$

㉖ $2\overline{)56}$

㉗ $3\overline{)42}$

㉘ $4\overline{)72}$

㉙ $5\overline{)70}$

㉚ $4\overline{)96}$

㉛ $6\overline{)78}$

㉜ $2\overline{)94}$

㉝ $4\overline{)68}$

㉞ $3\overline{)78}$

㉟ $5\overline{)65}$

㊱ $4\overline{)56}$

06 나머지가 없고 내림이 있는 (몇십몇) ÷ (몇) 복습 B

나눗셈을 하세요.

1. 81 ÷ 3
   3 × 27 = 81

2. 91 ÷ 7

3. 78 ÷ 6

4. 96 ÷ 8

5. 74 ÷ 2

61 78 ÷ 3

7. 68 ÷ 4

8. 84 ÷ 6

9. 65 ÷ 5

10. 85 ÷ 5

11. 52 ÷ 4

12. 90 ÷ 5

13. 56 ÷ 2

14. 80 ÷ 5

15. 76 ÷ 2

16. 72 ÷ 2

17. 72 ÷ 4

18. 84 ÷ 7

19. 54 ÷ 3

20. 58 ÷ 2

21. 32 ÷ 2

정답 98쪽

공부한 날짜	맞힌 개수	걸린 시간
월 일	/42	분

나눗셈을 하세요.

㉒ 90 ÷ 6

㉙ 75 ÷ 5

㊱ 45 ÷ 3

㉓ 38 ÷ 2

㉚ 78 ÷ 2

㊲ 94 ÷ 2

㉔ 42 ÷ 3

㉛ 87 ÷ 3

㊳ 56 ÷ 4

㉕ 72 ÷ 6

㉜ 96 ÷ 6

㊴ 92 ÷ 4

㉖ 36 ÷ 2

㉝ 84 ÷ 3

㊵ 70 ÷ 5

㉗ 64 ÷ 4

㉞ 75 ÷ 3

㊶ 60 ÷ 5

㉘ 54 ÷ 2

㉟ 60 ÷ 4

㊷ 95 ÷ 5

07 나머지가 있는 (몇십몇)÷(몇) 복습 A

나눗셈을 하세요.

① $2\overline{)83}$

② $3\overline{)38}$

③ $7\overline{)54}$

④ $5\overline{)21}$

⑤ $9\overline{)41}$

⑥ $9\overline{)86}$

⑦ $9\overline{)16}$

⑧ $5\overline{)96}$

⑨ $3\overline{)62}$

⑩ $8\overline{)37}$

⑪ $7\overline{)65}$

⑫ $5\overline{)17}$

⑬ $6\overline{)97}$

⑭ $2\overline{)19}$

⑮ $2\overline{)35}$

⑯ $9\overline{)98}$

⑰ $7\overline{)26}$

⑱ $5\overline{)76}$

정답 98쪽

공부한 날짜	맞힌 개수	걸린 시간
월 일	/36	분

나눗셈을 하세요.

⑲ $5\overline{)12}$

⑳ $6\overline{)39}$

㉑ $7\overline{)29}$

㉒ $8\overline{)36}$

㉓ $7\overline{)71}$

㉔ $9\overline{)58}$

㉕ $6\overline{)93}$

㉖ $9\overline{)24}$

㉗ $8\overline{)51}$

㉘ $2\overline{)69}$

㉙ $8\overline{)44}$

㉚ $4\overline{)87}$

㉛ $5\overline{)43}$

㉜ $7\overline{)75}$

㉝ $6\overline{)88}$

㉞ $3\overline{)25}$

㉟ $4\overline{)18}$

㊱ $8\overline{)94}$

08 나머지가 있는 (몇십몇)÷(몇) 복습 B

나눗셈을 하세요.

❶ $56 \div 9$

$9 \times 6 = 54$ ➡ $54 + 2 = 56$

❷ $55 \div 8$

❸ $25 \div 4$

❹ $95 \div 2$

❺ $63 \div 8$

❻ $73 \div 2$

❼ $71 \div 6$

❽ $14 \div 6$

❾ $99 \div 2$

❿ $37 \div 2$

⓫ $45 \div 4$

⓬ $66 \div 5$

⓭ $89 \div 9$

⓮ $24 \div 5$

⓯ $34 \div 8$

⓰ $47 \div 8$

⓱ $75 \div 6$

⓲ $67 \div 5$

⓳ $53 \div 5$

⓴ $28 \div 9$

㉑ $17 \div 4$

정답 98쪽

공부한 날짜	맞힌 개수	걸린 시간
월 일	/42	분

나눗셈을 하세요.

㉒ $34 \div 9$

㉓ $12 \div 7$

㉔ $45 \div 8$

㉕ $68 \div 9$

㉖ $48 \div 7$

㉗ $96 \div 7$

㉘ $51 \div 9$

㉙ $81 \div 6$

㉚ $58 \div 4$

㉛ $99 \div 5$

㉜ $22 \div 6$

㉝ $64 \div 6$

㉞ $74 \div 5$

㉟ $33 \div 6$

㊱ $29 \div 9$

㊲ $72 \div 7$

㊳ $39 \div 8$

㊴ $53 \div 4$

㊵ $86 \div 8$

㊶ $49 \div 5$

㊷ $67 \div 7$

09 나머지가 없는 (세 자리 수)÷(한 자리 수) 복습 A

나눗셈을 하세요.

1. $9\overline{)522}$
2. $3\overline{)147}$
3. $7\overline{)658}$
4. $4\overline{)208}$
5. $6\overline{)504}$
6. $8\overline{)336}$
7. $4\overline{)308}$
8. $4\overline{)264}$
9. $5\overline{)485}$
10. $9\overline{)729}$
11. $9\overline{)621}$
12. $9\overline{)846}$
13. $9\overline{)711}$
14. $7\overline{)455}$
15. $8\overline{)232}$
16. $8\overline{)536}$
17. $9\overline{)198}$
18. $8\overline{)696}$

정답 99쪽

공부한 날짜	맞힌 개수	걸린 시간
월 일	/36	분

나눗셈을 하세요.

⑲ $9\overline{)819}$

⑳ $6\overline{)408}$

㉑ $9\overline{)774}$

㉒ $9\overline{)369}$

㉓ $7\overline{)637}$

㉔ $5\overline{)105}$

㉕ $4\overline{)108}$

㉖ $8\overline{)704}$

㉗ $8\overline{)296}$

㉘ $7\overline{)504}$

㉙ $6\overline{)366}$

㉚ $9\overline{)837}$

㉛ $6\overline{)498}$

㉜ $7\overline{)224}$

㉝ $7\overline{)525}$

㉞ $9\overline{)576}$

㉟ $9\overline{)756}$

㊱ $8\overline{)600}$

10 나머지가 없는 (세 자리 수)÷(한 자리 수) 복습 B

나눗셈을 하세요.

1. $5\overline{)585}$

2. $2\overline{)272}$

3. $3\overline{)855}$

4. $6\overline{)648}$

5. $3\overline{)393}$

6. $3\overline{)543}$

7. $6\overline{)732}$

8. $5\overline{)740}$

9. $3\overline{)348}$

10. $5\overline{)885}$

11. $8\overline{)864}$

12. $2\overline{)714}$

13. $3\overline{)492}$

14. $3\overline{)699}$

15. $2\overline{)992}$

16. $5\overline{)525}$

17. $4\overline{)936}$

18. $2\overline{)360}$

정답 99쪽

공부한 날짜	맞힌 개수	걸린 시간
월 일	/36	분

나눗셈을 하세요.

⑲ $5\overline{)685}$

⑳ $2\overline{)484}$

㉑ $3\overline{)768}$

㉒ $3\overline{)576}$

㉓ $9\overline{)963}$

㉔ $2\overline{)318}$

㉕ $4\overline{)568}$

㉖ $3\overline{)948}$

㉗ $5\overline{)830}$

㉘ $2\overline{)268}$

㉙ $6\overline{)870}$

㉚ $4\overline{)784}$

㉛ $3\overline{)384}$

㉜ $5\overline{)785}$

㉝ $2\overline{)444}$

㉞ $3\overline{)627}$

㉟ $5\overline{)560}$

㊱ $3\overline{)897}$

11 나머지가 있는 (세 자리 수)÷(한 자리 수) 복습 A

나눗셈을 하세요.

1. $8\overline{)756}$
2. $8\overline{)254}$
3. $9\overline{)636}$
4. $8\overline{)527}$
5. $5\overline{)187}$
6. $7\overline{)472}$
7. $7\overline{)131}$
8. $9\overline{)829}$
9. $7\overline{)307}$
10. $7\overline{)438}$
11. $8\overline{)702}$
12. $8\overline{)612}$
13. $4\overline{)321}$
14. $8\overline{)409}$
15. $7\overline{)565}$
16. $6\overline{)202}$
17. $9\overline{)708}$
18. $9\overline{)543}$

정답 99쪽

공부한 날짜	맞힌 개수	걸린 시간
월 일	/36	분

나눗셈을 하세요.

⑲ $9\overline{)821}$

⑳ $4\overline{)287}$

㉑ $6\overline{)506}$

㉒ $5\overline{)332}$

㉓ $7\overline{)661}$

㉔ $9\overline{)492}$

㉕ $6\overline{)529}$

㉖ $6\overline{)399}$

㉗ $9\overline{)683}$

㉘ $9\overline{)403}$

㉙ $8\overline{)573}$

㉚ $9\overline{)807}$

㉛ $9\overline{)143}$

㉜ $8\overline{)717}$

㉝ $9\overline{)442}$

㉞ $7\overline{)601}$

㉟ $8\overline{)206}$

㊱ $8\overline{)308}$

12 나머지가 있는 (세 자리 수)÷(한 자리 수) 복습 B

나눗셈을 하세요.

❶ $4\overline{)775}$

❷ $2\overline{)277}$

❸ $5\overline{)592}$

❹ $3\overline{)637}$

❺ $3\overline{)568}$

❻ $2\overline{)319}$

❼ $6\overline{)857}$

❽ $7\overline{)792}$

❾ $2\overline{)969}$

❿ $2\overline{)375}$

⓫ $6\overline{)921}$

⓬ $5\overline{)663}$

⓭ $3\overline{)491}$

⓮ $2\overline{)683}$

⓯ $2\overline{)811}$

⓰ $3\overline{)784}$

⓱ $2\overline{)467}$

⓲ $3\overline{)368}$

정답 99쪽

공부한 날짜	맞힌 개수	걸린 시간
월 일	/36	분

나눗셈을 하세요.

⑲ $2\overline{)527}$

⑳ $4\overline{)457}$

㉑ $5\overline{)864}$

㉒ $3\overline{)383}$

㉓ $6\overline{)896}$

㉔ $6\overline{)791}$

㉕ $3\overline{)392}$

㉖ $5\overline{)651}$

㉗ $2\overline{)295}$

㉘ $6\overline{)986}$

㉙ $2\overline{)577}$

㉚ $4\overline{)411}$

㉛ $4\overline{)698}$

㉜ $7\overline{)768}$

㉝ $7\overline{)821}$

㉞ $4\overline{)725}$

㉟ $2\overline{)337}$

㊱ $4\overline{)623}$

13 계산이 맞는지 확인하기 복습 A

□ 안에 알맞은 수를 써넣으세요.

❶ $8\overline{)49}$ = □ … □

➡ 8 × □ + □ = 49

❷ $6\overline{)57}$ = □ … □

➡ 6 × □ + □ = 57

❸ $7\overline{)16}$ = □ … □

➡ 7 × □ + □ = 16

❹ $4\overline{)14}$ = □ … □

➡ 4 × □ + □ = 14

❺ $9\overline{)21}$ = □ … □

➡ 9 × □ + □ = 21

❻ $5\overline{)28}$ = □ … □

➡ 5 × □ + □ = 28

❼ $3\overline{)13}$ = □ … □

➡ 3 × □ + □ = 13

❽ $9\overline{)65}$ = □ … □

➡ 9 × □ + □ = 65

정답 100쪽

공부한 날짜	맞힌 개수	걸린 시간
월 일	/16	분

□ 안에 알맞은 수를 써넣으세요.

9
$$6\overline{)\,25}\quad \square\cdots\square$$
➡ $6\times\square+\square=25$

10
$$7\overline{)\,58}\quad \square\cdots\square$$
➡ $7\times\square+\square=58$

11
$$4\overline{)\,38}\quad \square\cdots\square$$
➡ $4\times\square+\square=38$

12
$$9\overline{)\,53}\quad \square\cdots\square$$
➡ $9\times\square+\square=53$

13
$$8\overline{)\,47}\quad \square\cdots\square$$
➡ $8\times\square+\square=47$

14
$$5\overline{)\,47}\quad \square\cdots\square$$
➡ $5\times\square+\square=47$

15
$$2\overline{)\,15}\quad \square\cdots\square$$
➡ $2\times\square+\square=15$

16
$$3\overline{)\,23}\quad \square\cdots\square$$
➡ $3\times\square+\square=23$

01 분수로 나타내기

복습 A

□ 안에 알맞은 수를 써넣으세요.

1 부분  은 전체 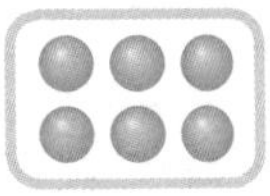 를 똑같이 3부분으로 나눈 것 중의 □입니다.

➡ $\frac{\square}{3}$

2 부분 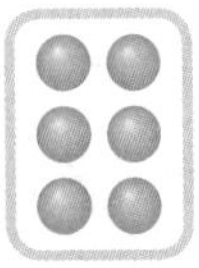 은 전체 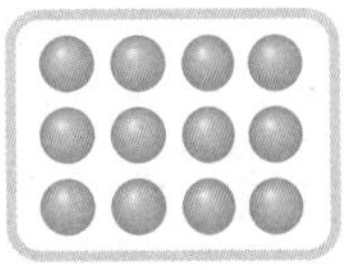 를 똑같이 4부분으로 나눈 것 중의 □입니다.

➡ $\frac{\square}{4}$

3 부분  은 전체 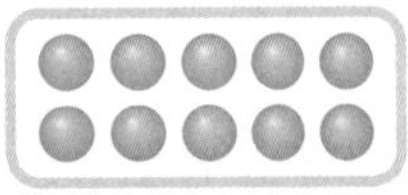 를 똑같이 5부분으로 나눈 것 중의 □입니다.

➡ $\frac{\square}{5}$

4 부분 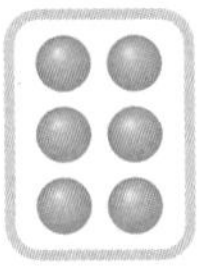 은 전체 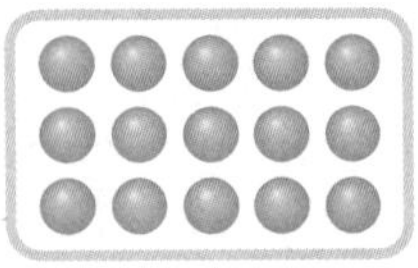 를 똑같이 5부분으로 나눈 것 중의 □입니다.

➡ $\frac{\square}{5}$

5 부분 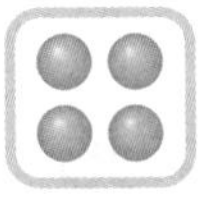 은 전체 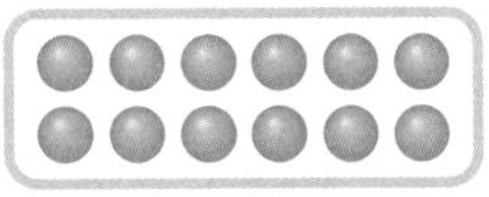 를 똑같이 6부분으로 나눈 것 중의 □입니다.

➡ $\frac{\square}{6}$

6 부분  은 전체 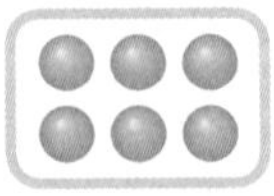 를 똑같이 3부분으로 나눈 것 중의 □입니다.

➡ $\frac{\square}{3}$

정답 101쪽

공부한 날짜	맞힌 개수	걸린 시간
월 일	/18	분

□ 안에 알맞은 수를 써넣으세요.

7 7부분으로 나눈 것 중의 6은 $\frac{\square}{\square}$입니다.

8 9부분으로 나눈 것 중의 2는 $\frac{\square}{\square}$입니다.

9 8부분으로 나눈 것 중의 6은 $\frac{\square}{\square}$입니다.

10 7부분으로 나눈 것 중의 5는 $\frac{\square}{\square}$입니다.

11 8부분으로 나눈 것 중의 1은 $\frac{\square}{\square}$입니다.

12 9부분으로 나눈 것 중의 6은 $\frac{\square}{\square}$입니다.

13 9부분으로 나눈 것 중의 8은 $\frac{\square}{\square}$입니다.

14 7부분으로 나눈 것 중의 4는 $\frac{\square}{\square}$입니다.

15 9부분으로 나눈 것 중의 1은 $\frac{\square}{\square}$입니다.

16 7부분으로 나눈 것 중의 3은 $\frac{\square}{\square}$입니다.

17 8부분으로 나눈 것 중의 5는 $\frac{\square}{\square}$입니다.

18 9부분으로 나눈 것 중의 5는 $\frac{\square}{\square}$입니다.

02 진분수, 가분수, 대분수

복습 A

진분수는 '진', 가분수는 '가', 대분수는 '대'를 써넣으세요.

1. $\frac{3}{2}$ ➡ (　　　)
2. $\frac{12}{7}$ ➡ (　　　)
3. $\frac{3}{7}$ ➡ (　　　)
4. $1\frac{4}{9}$ ➡ (　　　)
5. $1\frac{2}{5}$ ➡ (　　　)
6. $\frac{2}{9}$ ➡ (　　　)
7. $\frac{7}{5}$ ➡ (　　　)
8. $\frac{4}{6}$ ➡ (　　　)
9. $\frac{1}{4}$ ➡ (　　　)
10. $1\frac{2}{3}$ ➡ (　　　)
11. $\frac{15}{9}$ ➡ (　　　)
12. $\frac{12}{8}$ ➡ (　　　)
13. $1\frac{3}{4}$ ➡ (　　　)
14. $\frac{5}{8}$ ➡ (　　　)
15. $1\frac{1}{8}$ ➡ (　　　)
16. $1\frac{3}{6}$ ➡ (　　　)
17. $\frac{10}{9}$ ➡ (　　　)
18. $\frac{1}{2}$ ➡ (　　　)
19. $\frac{6}{7}$ ➡ (　　　)
20. $\frac{9}{5}$ ➡ (　　　)
21. $1\frac{6}{7}$ ➡ (　　　)

정답 101쪽

공부한 날짜	맞힌 개수	걸린 시간
월 일	/42	분

진분수는 '진', 가분수는 '가', 대분수는 '대'를 써넣으세요.

㉒ $1\frac{8}{9}$ ➔ (　　　)

㉓ $\frac{2}{6}$ ➔ (　　　)

㉔ $1\frac{2}{7}$ ➔ (　　　)

㉕ $\frac{4}{9}$ ➔ (　　　)

㉖ $1\frac{4}{8}$ ➔ (　　　)

㉗ $\frac{8}{7}$ ➔ (　　　)

㉘ $1\frac{1}{5}$ ➔ (　　　)

㉙ $\frac{10}{6}$ ➔ (　　　)

㉚ $1\frac{4}{5}$ ➔ (　　　)

㉛ $\frac{1}{8}$ ➔ (　　　)

㉜ $\frac{10}{8}$ ➔ (　　　)

㉝ $\frac{5}{6}$ ➔ (　　　)

㉞ $1\frac{1}{9}$ ➔ (　　　)

㉟ $\frac{7}{9}$ ➔ (　　　)

㊱ $\frac{1}{5}$ ➔ (　　　)

㊲ $\frac{13}{9}$ ➔ (　　　)

㊳ $\frac{8}{6}$ ➔ (　　　)

㊴ $1\frac{1}{6}$ ➔ (　　　)

㊵ $\frac{9}{8}$ ➔ (　　　)

㊶ $\frac{2}{5}$ ➔ (　　　)

㊷ $\frac{12}{9}$ ➔ (　　　)

03 대분수를 가분수로 나타내기 복습 A

그림을 보고 대분수를 가분수로 나타내세요.

1. 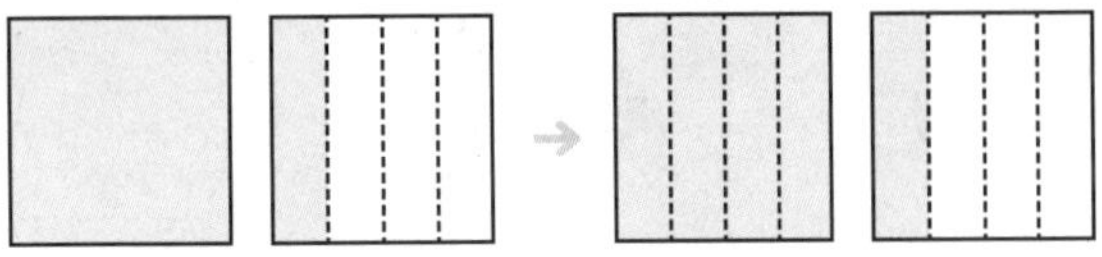

$1\frac{1}{4}$ ➡ (　　　)

2. 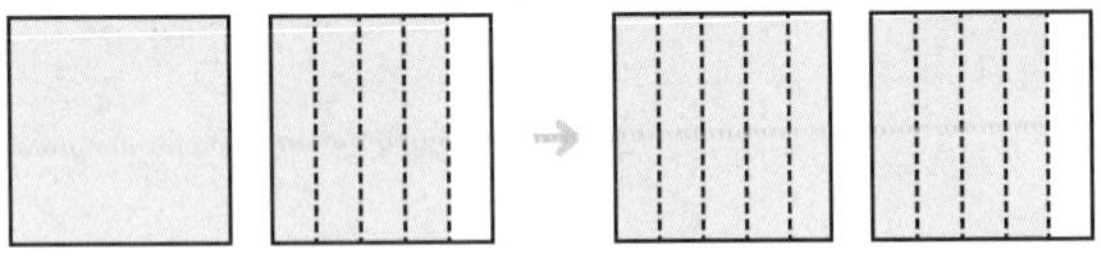

$1\frac{4}{5}$ ➡ (　　　)

3. 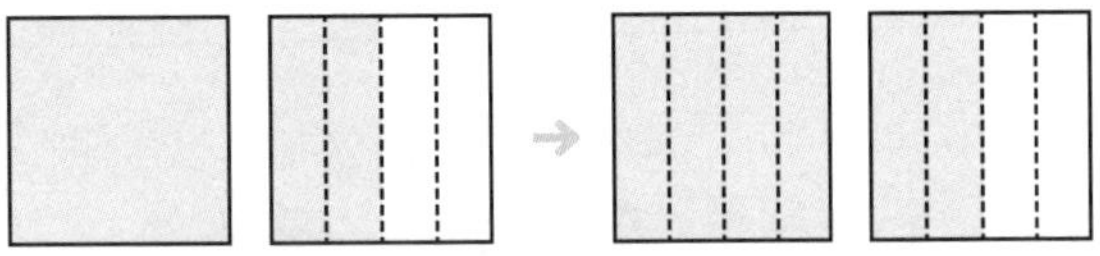

$1\frac{2}{4}$ ➡ (　　　)

4. 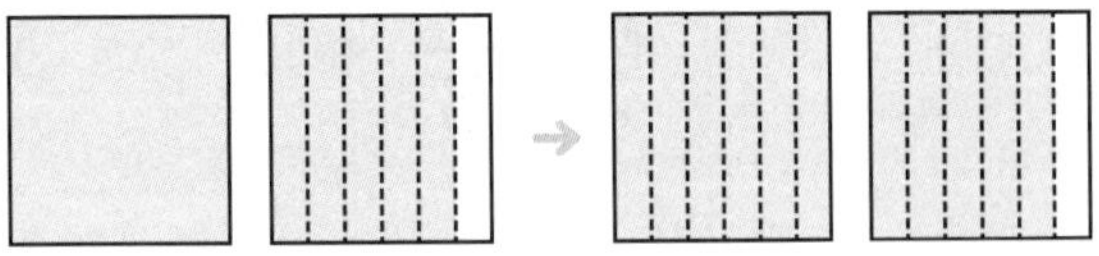

$1\frac{5}{6}$ ➡ (　　　)

5. 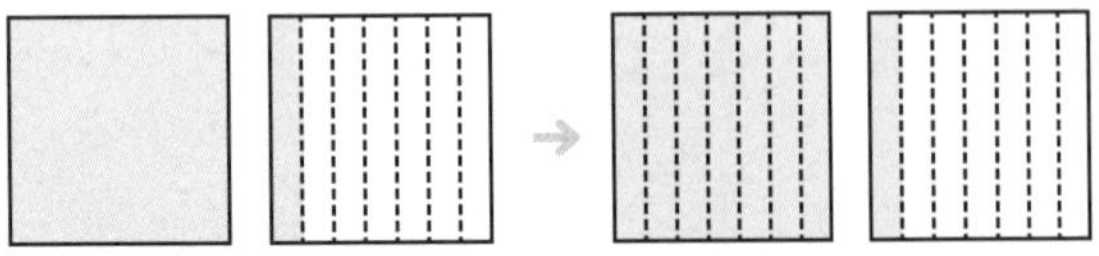

$1\frac{1}{7}$ ➡ (　　　)

6. 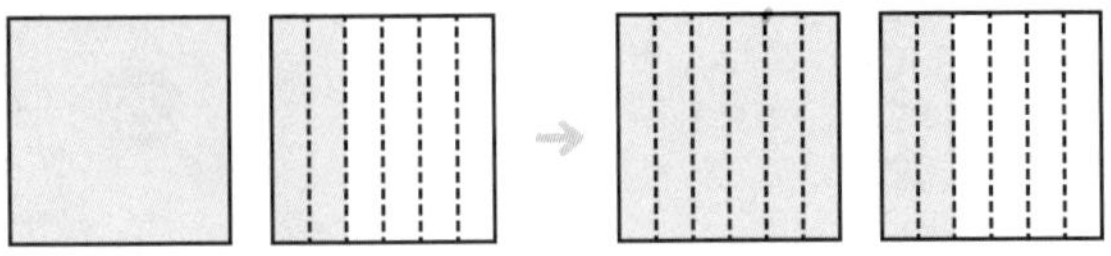

$1\frac{2}{6}$ ➡ (　　　)

7. 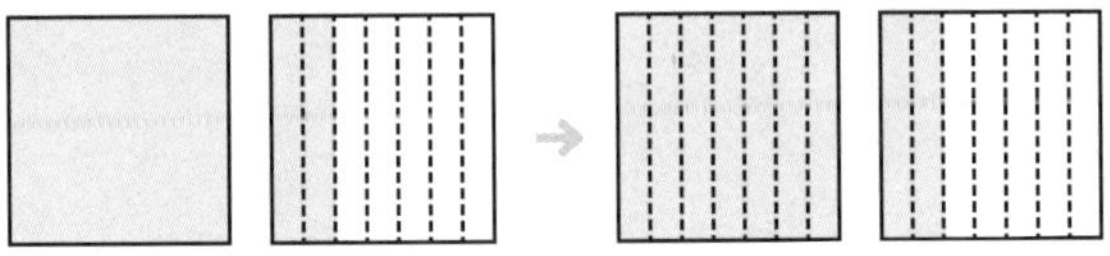

$1\frac{2}{7}$ ➡ (　　　)

8. 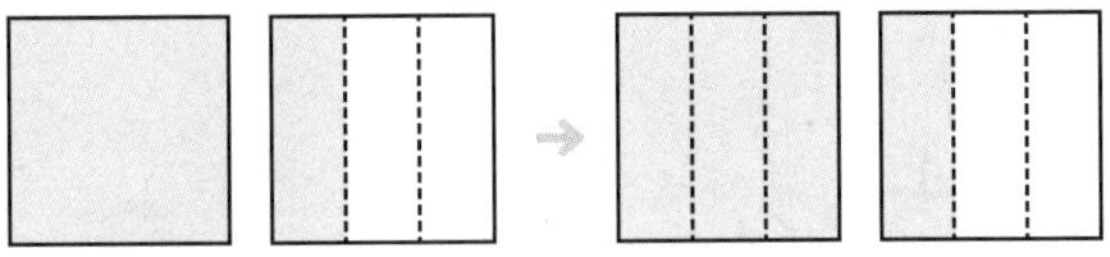

$1\frac{1}{3}$ ➡ (　　　)

9. 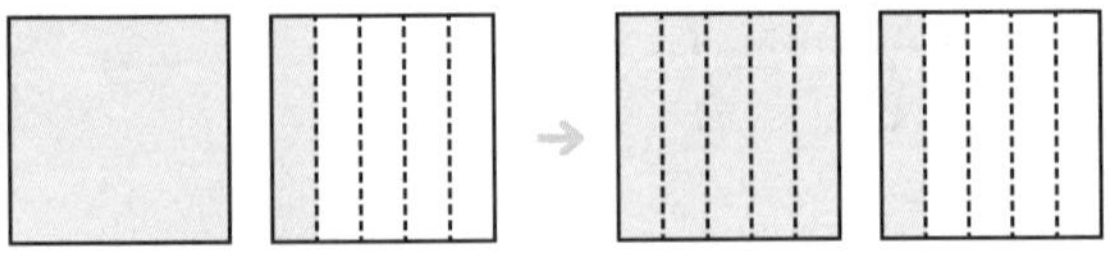

$1\frac{1}{5}$ ➡ (　　　)

10. 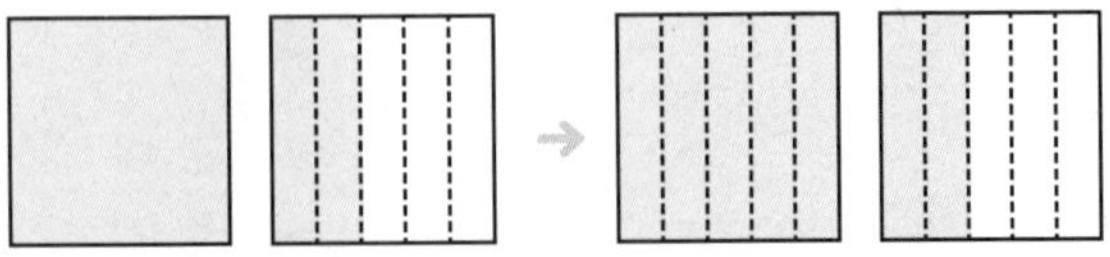

$1\frac{2}{5}$ ➡ (　　　)

정답 101쪽

공부한 날짜	맞힌 개수	걸린 시간
월 일	/31	분

대분수를 가분수로 나타내세요.

⑪ $1\frac{2}{8}$ → (   )

⑫ $1\frac{3}{4}$ → (   )

⑬ $1\frac{3}{5}$ → (   )

⑭ $1\frac{1}{9}$ → (   )

⑮ $1\frac{2}{5}$ → (   )

⑯ $1\frac{3}{6}$ → (   )

⑰ $1\frac{2}{7}$ → (   )

⑱ $1\frac{4}{6}$ → (   )

⑲ $1\frac{6}{9}$ → (   )

⑳ $1\frac{4}{7}$ → (   )

㉑ $1\frac{1}{4}$ → (   )

㉒ $1\frac{1}{2}$ → (   )

㉓ $1\frac{3}{9}$ → (   )

㉔ $1\frac{8}{9}$ → (   )

㉕ $1\frac{6}{8}$ → (   )

㉖ $1\frac{1}{6}$ → (   )

㉗ $1\frac{2}{4}$ → (   )

㉘ $1\frac{2}{3}$ → (   )

㉙ $1\frac{6}{7}$ → (   )

㉚ $1\frac{4}{5}$ → (   )

㉛ $1\frac{5}{9}$ → (   )

04 가분수를 대분수로 나타내기 복습 A

그림을 보고 가분수를 대분수로 나타내세요.

❶ 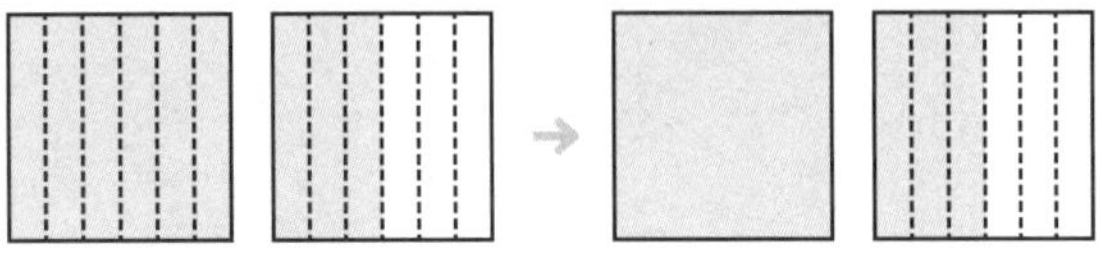

$\frac{9}{6}$ ➡ (　　　)

❷ 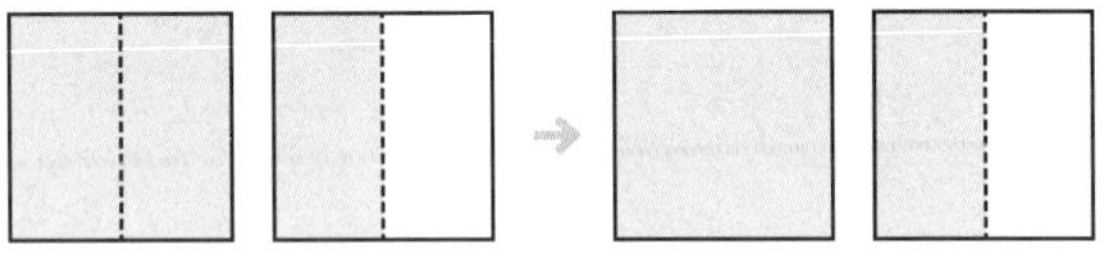

$\frac{3}{2}$ ➡ (　　　)

❸ 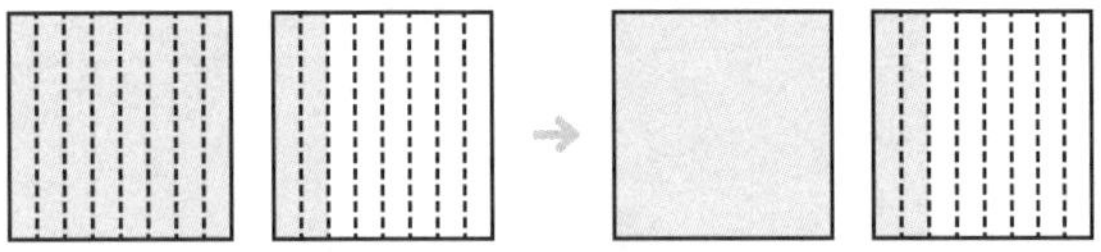

$\frac{10}{8}$ ➡ (　　　)

❹ 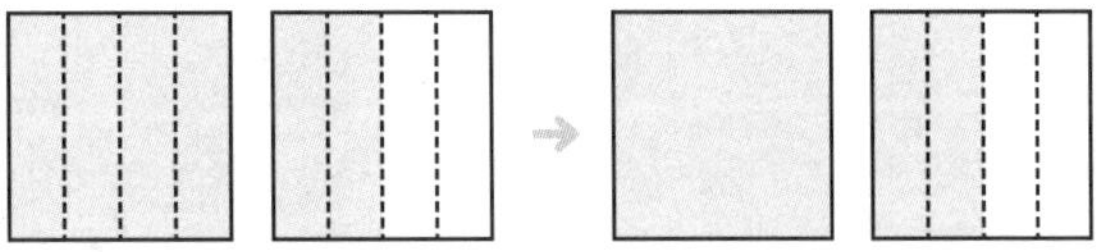

$\frac{6}{4}$ ➡ (　　　)

❺ 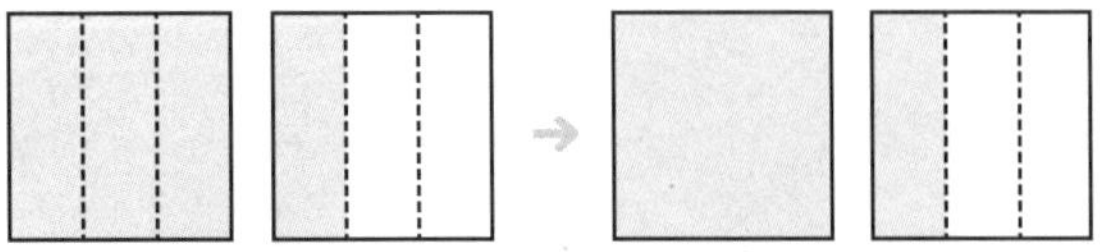

$\frac{4}{3}$ ➡ (　　　)

❻ 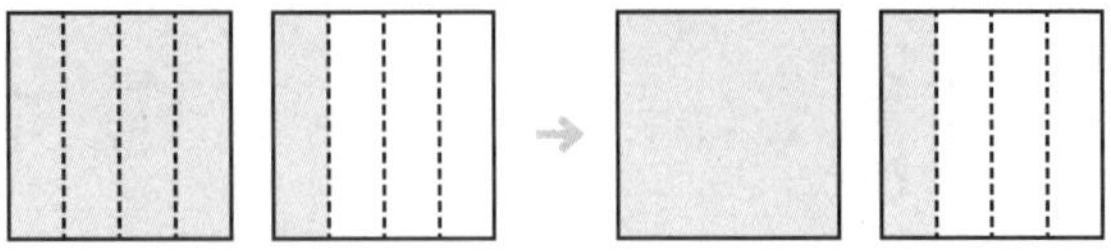

$\frac{5}{4}$ ➡ (　　　)

❼ 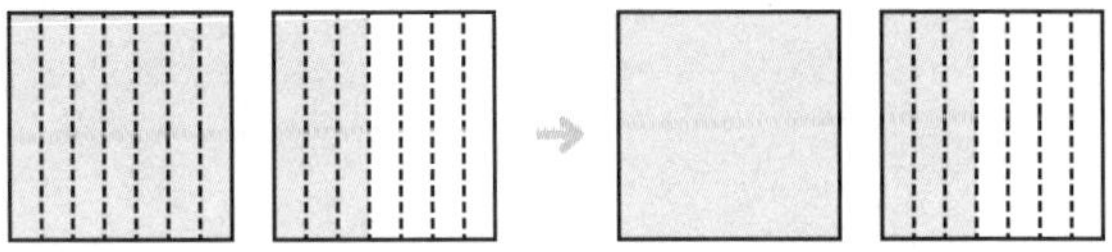

$\frac{10}{7}$ ➡ (　　　)

❽ 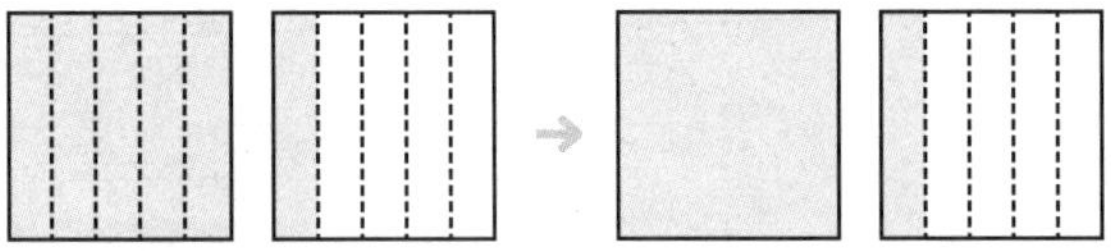

$\frac{6}{5}$ ➡ (　　　)

❾ 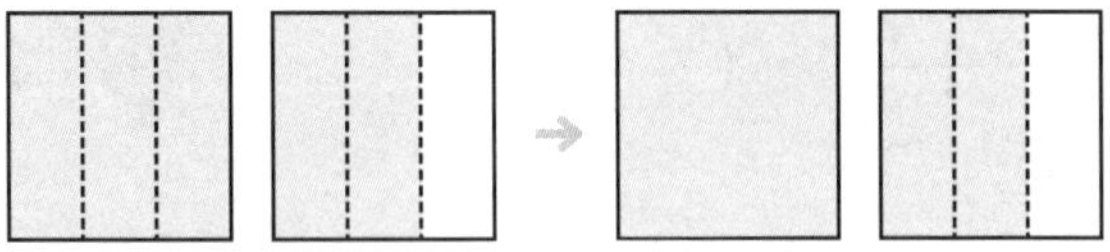

$\frac{5}{3}$ ➡ (　　　)

❿ 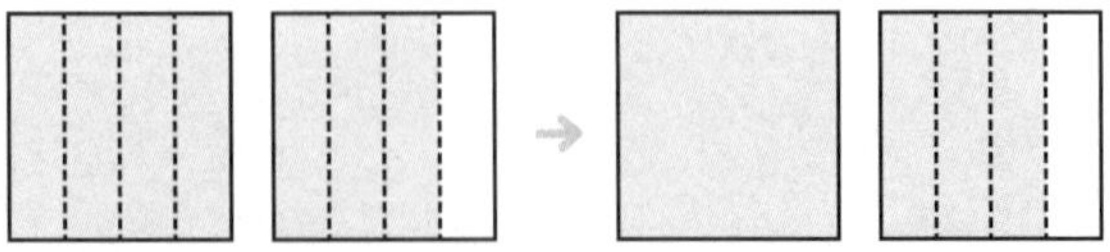

$\frac{7}{4}$ ➡ (　　　)

정답 102쪽

공부한 날짜	맞힌 개수	걸린 시간
월 일	/31	분

가분수를 대분수로 나타내세요.

⑪ $\frac{8}{5}$ ➡ (　　　)

⑫ $\frac{12}{8}$ ➡ (　　　)

⑬ $\frac{11}{6}$ ➡ (　　　)

⑭ $\frac{7}{5}$ ➡ (　　　)

⑮ $\frac{12}{7}$ ➡ (　　　)

⑯ $\frac{13}{8}$ ➡ (　　　)

⑰ $\frac{9}{5}$ ➡ (　　　)

⑱ $\frac{14}{8}$ ➡ (　　　)

⑲ $\frac{9}{7}$ ➡ (　　　)

⑳ $\frac{9}{8}$ ➡ (　　　)

㉑ $\frac{10}{8}$ ➡ (　　　)

㉒ $\frac{10}{9}$ ➡ (　　　)

㉓ $\frac{10}{7}$ ➡ (　　　)

㉔ $\frac{14}{9}$ ➡ (　　　)

㉕ $\frac{11}{7}$ ➡ (　　　)

㉖ $\frac{15}{8}$ ➡ (　　　)

㉗ $\frac{7}{6}$ ➡ (　　　)

㉘ $\frac{11}{8}$ ➡ (　　　)

㉙ $\frac{13}{7}$ ➡ (　　　)

㉚ $\frac{8}{6}$ ➡ (　　　)

㉛ $\frac{13}{8}$ ➡ (　　　)

05 분모가 같은 가분수의 크기 비교 복습 A

수직선을 보고 ○ 안에 >, <를 알맞게 써넣으세요.

1

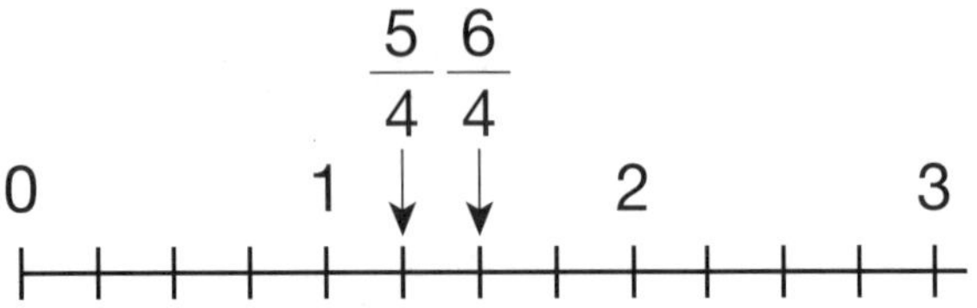

→ $\frac{5}{4}$ ○ $\frac{6}{4}$

2

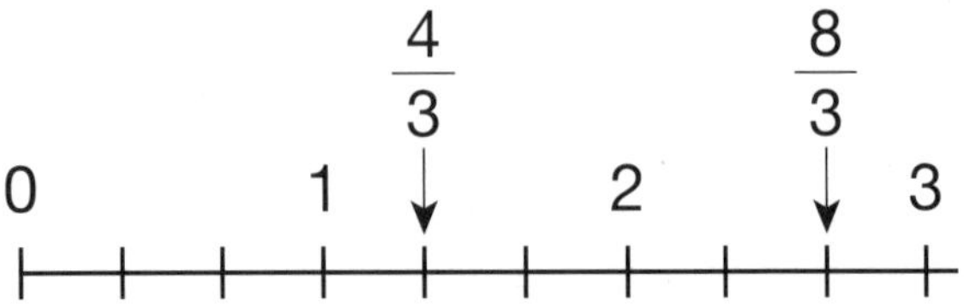

→ $\frac{8}{3}$ ○ $\frac{4}{3}$

3

→ $\frac{9}{4}$ ○ $\frac{11}{4}$

4

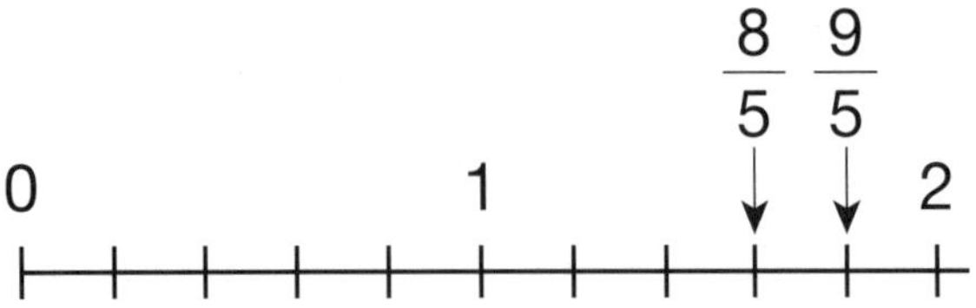

→ $\frac{9}{5}$ ○ $\frac{8}{5}$

5

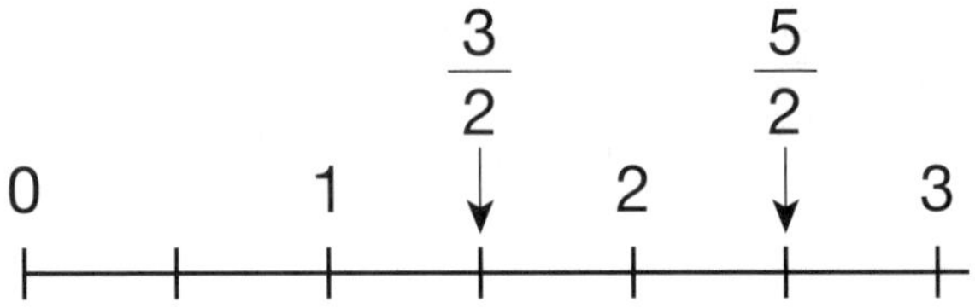

→ $\frac{3}{2}$ ○ $\frac{5}{2}$

6

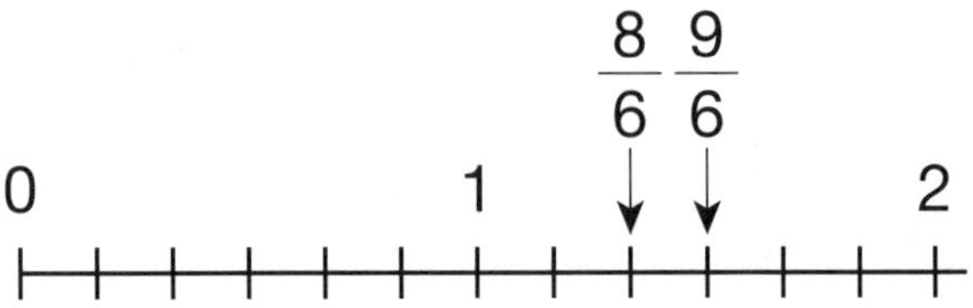

→ $\frac{9}{6}$ ○ $\frac{8}{6}$

7

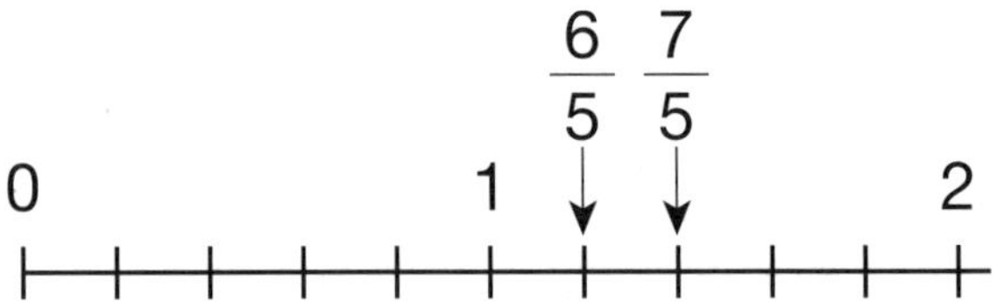

→ $\frac{7}{5}$ ○ $\frac{6}{5}$

8

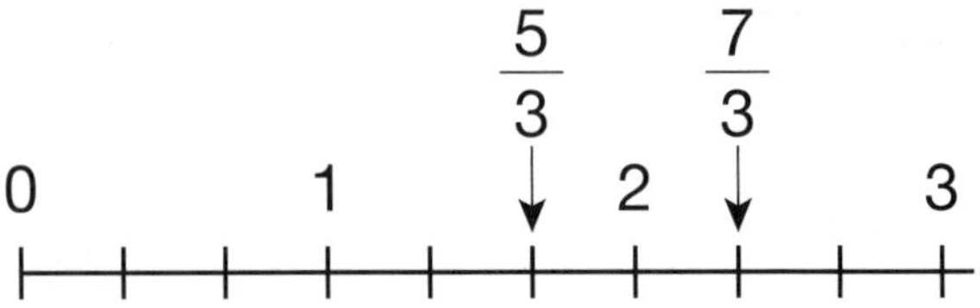

→ $\frac{5}{3}$ ○ $\frac{7}{3}$

정답 102쪽

공부한 날짜	맞힌 개수	걸린 시간
월 일	/26	분

○ 안에 >, <를 알맞게 써넣으세요.

9 $\frac{11}{5}$ ○ $\frac{13}{5}$

10 $\frac{19}{7}$ ○ $\frac{16}{7}$

11 $\frac{7}{4}$ ○ $\frac{5}{4}$

12 $\frac{13}{6}$ ○ $\frac{14}{6}$

13 $\frac{18}{8}$ ○ $\frac{20}{8}$

14 $\frac{12}{7}$ ○ $\frac{13}{7}$

15 $\frac{9}{7}$ ○ $\frac{8}{7}$

16 $\frac{10}{9}$ ○ $\frac{12}{9}$

17 $\frac{15}{7}$ ○ $\frac{11}{7}$

18 $\frac{10}{7}$ ○ $\frac{11}{7}$

19 $\frac{8}{6}$ ○ $\frac{11}{6}$

20 $\frac{14}{8}$ ○ $\frac{17}{8}$

21 $\frac{9}{8}$ ○ $\frac{11}{8}$

22 $\frac{15}{6}$ ○ $\frac{10}{6}$

23 $\frac{13}{8}$ ○ $\frac{10}{8}$

24 $\frac{17}{6}$ ○ $\frac{16}{6}$

25 $\frac{20}{7}$ ○ $\frac{17}{7}$

26 $\frac{12}{5}$ ○ $\frac{14}{5}$

06 분모가 같은 대분수의 크기 비교 복습 A

○ 안에 >, <를 알맞게 써넣으세요.

❶ $1\frac{4}{5}$ ○ $2\frac{1}{5}$ (1 < 2)

❷ $2\frac{2}{7}$ ○ $1\frac{3}{7}$

❸ $1\frac{5}{6}$ ○ $2\frac{2}{6}$

❹ $1\frac{5}{9}$ ○ $2\frac{3}{9}$

❺ $1\frac{3}{5}$ ○ $2\frac{2}{5}$

❻ $1\frac{1}{5}$ ○ $2\frac{3}{5}$

❼ $2\frac{1}{8}$ ○ $1\frac{2}{8}$

❽ $1\frac{6}{7}$ ○ $2\frac{3}{7}$

❾ $1\frac{1}{9}$ ○ $2\frac{5}{9}$

❿ $1\frac{2}{3}$ ○ $2\frac{1}{3}$

⓫ $2\frac{6}{7}$ ○ $1\frac{4}{7}$

⓬ $2\frac{4}{8}$ ○ $1\frac{3}{8}$

⓭ $2\frac{4}{6}$ ○ $1\frac{2}{6}$

⓮ $2\frac{2}{9}$ ○ $1\frac{7}{9}$

⓯ $2\frac{1}{4}$ ○ $1\frac{2}{4}$

⓰ $2\frac{3}{8}$ ○ $1\frac{6}{8}$

⓱ $1\frac{3}{4}$ ○ $2\frac{2}{4}$

⓲ $1\frac{2}{9}$ ○ $2\frac{4}{9}$

정답 102쪽

공부한 날짜	맞힌 개수	걸린 시간
월 일	/36	분

○ 안에 >, <를 알맞게 써넣으세요.

⑲ $1\frac{3}{6}$ ○ $1\frac{1}{6}$

⑳ $2\frac{4}{5}$ ○ $2\frac{1}{5}$

㉑ $2\frac{1}{6}$ ○ $2\frac{5}{6}$

㉒ $1\frac{4}{8}$ ○ $1\frac{7}{8}$

㉓ $2\frac{1}{7}$ ○ $2\frac{4}{7}$

㉔ $1\frac{4}{9}$ ○ $1\frac{6}{9}$

㉕ $1\frac{3}{9}$ ○ $1\frac{8}{9}$

㉖ $1\frac{3}{7}$ ○ $1\frac{1}{7}$

㉗ $1\frac{3}{4}$ ○ $1\frac{1}{4}$

㉘ $2\frac{7}{9}$ ○ $2\frac{8}{9}$

㉙ $2\frac{2}{6}$ ○ $2\frac{3}{6}$

㉚ $2\frac{6}{9}$ ○ $2\frac{1}{9}$

㉛ $1\frac{3}{6}$ ○ $1\frac{4}{6}$

㉜ $2\frac{2}{3}$ ○ $2\frac{1}{3}$

㉝ $2\frac{7}{8}$ ○ $2\frac{2}{8}$

㉞ $2\frac{2}{7}$ ○ $2\frac{4}{7}$

㉟ $1\frac{1}{9}$ ○ $1\frac{5}{9}$

㊱ $2\frac{6}{8}$ ○ $2\frac{5}{8}$

07 분모가 같은 가분수와 대분수의 크기 비교 복습 A

○ 안에 >, =, <를 알맞게 써넣으세요.

1. $1\frac{4}{7} \bigcirc \frac{10}{7}$

2. $\frac{10}{9} \bigcirc 1\frac{3}{9}$

3. $1\frac{1}{2} \bigcirc \frac{5}{2}$

4. $\frac{11}{9} \bigcirc 1\frac{4}{9}$

5. $1\frac{1}{3} \bigcirc \frac{5}{3}$

6. $1\frac{8}{9} \bigcirc \frac{15}{9}$

7. $\frac{14}{9} \bigcirc 1\frac{2}{9}$

8. $1\frac{2}{6} \bigcirc \frac{15}{6}$

9. $1\frac{1}{9} \bigcirc \frac{12}{9}$

10. $1\frac{2}{3} \bigcirc \frac{4}{3}$

11. $\frac{10}{8} \bigcirc 1\frac{1}{8}$

12. $\frac{12}{7} \bigcirc 1\frac{1}{7}$

13. $1\frac{4}{5} \bigcirc \frac{11}{5}$

14. $1\frac{6}{8} \bigcirc \frac{11}{8}$

15. $\frac{11}{7} \bigcirc 1\frac{3}{7}$

16. $\frac{8}{6} \bigcirc 1\frac{3}{6}$

17. $1\frac{3}{5} \bigcirc \frac{6}{5}$

18. $1\frac{1}{4} \bigcirc \frac{7}{4}$

정답 102쪽

공부한 날짜	맞힌 개수	걸린 시간
월 일	/36	분

○ 안에 >, =, <를 알맞게 써넣으세요.

⑲ $\frac{15}{9}$ ○ $1\frac{3}{9}$

⑳ $\frac{8}{7}$ ○ $1\frac{5}{7}$

㉑ $\frac{9}{6}$ ○ $1\frac{4}{6}$

㉒ $1\frac{7}{8}$ ○ $\frac{17}{8}$

㉓ $1\frac{5}{9}$ ○ $\frac{16}{9}$

㉔ $1\frac{6}{7}$ ○ $\frac{9}{7}$

㉕ $1\frac{2}{7}$ ○ $\frac{13}{7}$

㉖ $\frac{13}{9}$ ○ $1\frac{6}{9}$

㉗ $1\frac{2}{5}$ ○ $\frac{9}{5}$

㉘ $\frac{10}{6}$ ○ $1\frac{1}{6}$

㉙ $1\frac{2}{4}$ ○ $\frac{11}{4}$

㉚ $\frac{20}{9}$ ○ $1\frac{7}{9}$

㉛ $\frac{13}{8}$ ○ $1\frac{4}{8}$

㉜ $1\frac{5}{6}$ ○ $\frac{13}{6}$

㉝ $\frac{9}{8}$ ○ $1\frac{5}{8}$

㉞ $1\frac{1}{8}$ ○ $\frac{16}{8}$

㉟ $\frac{8}{5}$ ○ $1\frac{1}{5}$

㊱ $1\frac{3}{4}$ ○ $\frac{6}{4}$

01 들이의 덧셈

복습 A

덧셈을 하세요.

❶
  2 L 700 mL
+ 3 L 600 mL

① 700 mL + 600 mL = 1300 mL 이므로 1000 mL로 1 L로 받아 올림해요.
② 1 L + 2 L + 3 L를 계산해요.

❷
  1 L 900 mL
+ 1 L 600 mL

❸
  1 L 300 mL
+ 3 L 900 mL

❹
  1 L 800 mL
+ 1 L 500 mL

❺
  3 L 400 mL
+ 1 L 800 mL

❻
  1 L 600 mL
+ 1 L 900 mL

❼
  2 L 600 mL
+ 3 L 700 mL

❽
  1 L 400 mL
+ 1 L 800 mL

❾
  1 L 900 mL
+ 3 L 900 mL

❿
  1 L 600 mL
+ 3 L 800 mL

⓫
  3 L 700 mL
+ 1 L 900 mL

⓬
  2 L 900 mL
+ 1 L 600 mL

⓭
  3 L 800 mL
+ 1 L 900 mL

⓮
  1 L 700 mL
+ 1 L 400 mL

⓯
  2 L 200 mL
+ 3 L 900 mL

정답 103쪽

공부한 날짜	맞힌 개수	걸린 시간
월 일	/31	분

덧셈을 하세요.

⑯ 1 L 800 mL + 2 L 400 mL

⑰ 1 L 300 mL + 3 L 800 mL

⑱ 2 L 800 mL + 3 L 700 mL

⑲ 1 L 900 mL + 2 L 800 mL

⑳ 1 L 800 mL + 3 L 900 mL

㉑ 2 L 500 mL + 3 L 800 mL

㉒ 2 L 600 mL + 3 L 500 mL

㉓ 1 L 200 mL + 3 L 900 mL

㉔ 1 L 500 mL + 2 L 700 mL

㉕ 2 L 900 mL + 3 L 700 mL

㉖ 1 L 300 mL + 1 L 900 mL

㉗ 5 L 400 mL + 3 L 700 mL

㉘ 1 L 900 mL + 3 L 300 mL

㉙ 1 L 700 mL + 3 L 800 mL

㉚ 1 L 700 mL + 2 L 600 mL

㉛ 2 L 700 mL + 3 L 900 mL

02 들이의 뺄셈

복습 A

뺄셈을 하세요.

❶ 3 L 100 mL − 1 L 900 mL

① 100 mL에서 900 mL를 뺄 수 없으므로 3 L에서 받아내림해요.
② 2 L − 1 L를 계산해요.

❷ 4 L 500 mL − 1 L 700 mL

❸ 3 L 300 mL − 1 L 700 mL

❹ 4 L 700 mL − 2 L 900 mL

❺ 3 L 600 mL − 1 L 800 mL

❻ 5 L 400 mL − 1 L 700 mL

❼ 3 L 500 mL − 1 L 800 mL

❽ 5 L 600 mL − 2 L 900 mL

❾ 5 L 600 mL − 1 L 800 mL

❿ 5 L 600 mL − 3 L 800 mL

⓫ 4 L 400 mL − 2 L 800 mL

⓬ 5 L 400 mL − 3 L 700 mL

⓭ 4 L 200 mL − 1 L 900 mL

⓮ 3 L 700 mL − 1 L 800 mL

⓯ 4 L 600 mL − 2 L 800 mL

정답 103쪽

공부한 날짜	맞힌 개수	걸린 시간
월 일	/31	분

빨셈을 하세요.

⑯ 5 L 500 mL − 1 L 700 mL

⑰ 3 L 200 mL − 1 L 900 mL

⑱ 3 L 300 mL − 1 L 900 mL

⑲ 5 L 400 mL − 2 L 900 mL

⑳ 4 L 200 mL − 2 L 800 mL

㉑ 3 L 600 mL − 1 L 700 mL

㉒ 4 L 300 mL − 2 L 700 mL

㉓ 4 L 300 mL − 1 L 800 mL

㉔ 3 L 400 mL − 1 L 600 mL

㉕ 4 L 500 mL − 2 L 900 mL

㉖ 5 L 700 mL − 1 L 800 mL

㉗ 3 L 400 mL − 1 L 800 mL

㉘ 3 L 500 mL − 1 L 600 mL

㉙ 4 L 600 mL − 1 L 700 mL

㉚ 5 L 200 mL − 1 L 800 mL

㉛ 3 L 100 mL − 1 L 800 mL

03 무게의 덧셈

복습 A

덧셈을 하세요.

❶ 1 kg 900 g + 2 kg 900 g

① 900 g + 900 g = 1800 g이므로 1000 g을 1 kg으로 받아올림해요.
② 1 kg + 1 kg + 2 kg을 계산해요.

❷ 1 kg 700 g + 1 kg 400 g

❸ 1 kg 900 g + 1 kg 900 g

❹ 1 kg 700 g + 3 kg 800 g

❺ 1 kg 600 g + 1 kg 600 g

❻ 1 kg 700 g + 1 kg 800 g

❼ 2 kg 600 g + 3 kg 500 g

❽ 3 kg 600 g + 1 kg 700 g

❾ 2 kg 800 g + 3 kg 400 g

❿ 3 kg 800 g + 2 kg 400 g

⓫ 2 kg 700 g + 1 kg 500 g

⓬ 1 kg 300 g + 1 kg 900 g

⓭ 2 kg 200 g + 3 kg 900 g

⓮ 2 kg 900 g + 1 kg 600 g

⓯ 1 kg 400 g + 3 kg 900 g

정답 103쪽

공부한 날짜	맞힌 개수	걸린 시간
월 일	/31	분

덧셈을 하세요.

⑯ 1 kg 800 g + 2 kg 500 g

⑰ 1 kg 600 g + 2 kg 500 g

⑱ 1 kg 800 g + 1 kg 600 g

⑲ 1 kg 900 g + 3 kg 800 g

⑳ 1 kg 900 g + 1 kg 200 g

㉑ 2 kg 500 g + 3 kg 800 g

㉒ 1 kg 400 g + 1 kg 700 g

㉓ 1 kg 400 g + 2 kg 800 g

㉔ 1 kg 800 g + 3 kg 400 g

㉕ 1 kg 800 g + 1 kg 300 g

㉖ 2 kg 700 g + 3 kg 400 g

㉗ 1 kg 300 g + 1 kg 800 g

㉘ 1 kg 900 g + 1 kg 500 g

㉙ 1 kg 400 g + 1 kg 800 g

㉚ 2 kg 300 g + 3 kg 800 g

㉛ 1 kg 700 g + 1 kg 700 g

04 무게의 뺄셈

복습 A

빼셈을 하세요.

❶
$$\begin{array}{rrr} & 3\,\text{kg} & 400\,\text{g} \\ - & 1\,\text{kg} & 800\,\text{g} \\ \hline \end{array}$$

① 400 g에서 800 g을 뺄 수 없으므로 3 kg에서 받아내림해요.
② 2 kg − 1 kg을 계산해요.

❷
$$\begin{array}{rrr} & 4\,\text{kg} & 400\,\text{g} \\ - & 1\,\text{kg} & 600\,\text{g} \\ \hline \end{array}$$

❸
$$\begin{array}{rrr} & 4\,\text{kg} & 300\,\text{g} \\ - & 1\,\text{kg} & 900\,\text{g} \\ \hline \end{array}$$

❹
$$\begin{array}{rrr} & 4\,\text{kg} & 400\,\text{g} \\ - & 2\,\text{kg} & 900\,\text{g} \\ \hline \end{array}$$

❺
$$\begin{array}{rrr} & 3\,\text{kg} & 500\,\text{g} \\ - & 1\,\text{kg} & 600\,\text{g} \\ \hline \end{array}$$

❻
$$\begin{array}{rrr} & 5\,\text{kg} & 300\,\text{g} \\ - & 2\,\text{kg} & 800\,\text{g} \\ \hline \end{array}$$

❼
$$\begin{array}{rrr} & 4\,\text{kg} & 700\,\text{g} \\ - & 2\,\text{kg} & 900\,\text{g} \\ \hline \end{array}$$

❽
$$\begin{array}{rrr} & 5\,\text{kg} & 700\,\text{g} \\ - & 2\,\text{kg} & 900\,\text{g} \\ \hline \end{array}$$

❾
$$\begin{array}{rrr} & 5\,\text{kg} & 400\,\text{g} \\ - & 2\,\text{kg} & 600\,\text{g} \\ \hline \end{array}$$

❿
$$\begin{array}{rrr} & 4\,\text{kg} & 600\,\text{g} \\ - & 1\,\text{kg} & 700\,\text{g} \\ \hline \end{array}$$

⓫
$$\begin{array}{rrr} & 5\,\text{kg} & 300\,\text{g} \\ - & 1\,\text{kg} & 700\,\text{g} \\ \hline \end{array}$$

⓬
$$\begin{array}{rrr} & 5\,\text{kg} & 200\,\text{g} \\ - & 3\,\text{kg} & 900\,\text{g} \\ \hline \end{array}$$

⓭
$$\begin{array}{rrr} & 3\,\text{kg} & 200\,\text{g} \\ - & 1\,\text{kg} & 800\,\text{g} \\ \hline \end{array}$$

⓮
$$\begin{array}{rrr} & 5\,\text{kg} & 400\,\text{g} \\ - & 1\,\text{kg} & 600\,\text{g} \\ \hline \end{array}$$

⓯
$$\begin{array}{rrr} & 4\,\text{kg} & 800\,\text{g} \\ - & 2\,\text{kg} & 900\,\text{g} \\ \hline \end{array}$$

정답 103쪽

공부한 날짜	맞힌 개수	걸린 시간
월 일	/31	분

빨셈을 하세요.

⑯ 5 kg 300 g − 1 kg 900 g

⑰ 3 kg 300 g − 1 kg 900 g

⑱ 4 kg 500 g − 2 kg 600 g

⑲ 5 kg 200 g − 2 kg 800 g

⑳ 3 kg 700 g − 1 kg 800 g

㉑ 4 kg 500 g − 1 kg 900 g

㉒ 5 kg 500 g − 1 kg 600 g

㉓ 3 kg 700 g − 1 kg 900 g

㉔ 3 kg 500 g − 1 kg 900 g

㉕ 4 kg 300 g − 1 kg 800 g

㉖ 4 kg 100 g − 1 kg 900 g

㉗ 3 kg 400 g − 1 kg 700 g

㉘ 5 kg 400 g − 3 kg 800 g

㉙ 4 kg 400 g − 2 kg 700 g

㉚ 4 kg 200 g − 2 kg 800 g

㉛ 5 kg 600 g − 2 kg 900 g

쌍둥이

최우수상

참 잘했어요!

이름 ______________

위 어린이는 쌍둥이 연산 노트 3학년 2학기 과정을

스스로 꾸준히 훌륭하게 마쳤습니다.

이에 칭찬하여 이 상장을 드립니다.

년 월 일

정답

초등 6단계

3·2
복습책

01 올림이 없는 (세 자리 수) × (한 자리 수) A

6쪽

❶ 484	❻ 696	⓫ 662
❷ 323	❼ 284	⓬ 486
❸ 221	❽ 669	⓭ 555
❹ 411	❾ 339	⓮ 426
❺ 134	❿ 466	⓯ 963

7쪽

⓰ 444	㉑ 226	㉖ 664
⓱ 446	㉒ 842	㉗ 939
⓲ 222	㉓ 124	㉘ 121
⓳ 413	㉔ 369	㉙ 868
⓴ 441	㉕ 224	㉚ 266

03 올림이 한 번 있는 (세 자리 수) × (한 자리 수)① A

10쪽

❶ 681	❻ 636	⓫ 496
❷ 984	❼ 348	⓬ 692
❸ 642	❽ 378	⓭ 975
❹ 494	❾ 854	⓮ 876
❺ 832	❿ 657	⓯ 476

11쪽

⓰ 978	㉑ 651	㉖ 472
⓱ 763	㉒ 696	㉗ 476
⓲ 957	㉓ 490	㉘ 981
⓳ 858	㉔ 460	㉙ 648
⓴ 836	㉕ 872	㉚ 276

02 올림이 없는 (세 자리 수) × (한 자리 수) B

8쪽

❶ 4, 80, 800, 884	❺ 8, 40, 400, 448	❾ 4, 10, 200, 214
❷ 4, 20, 800, 824	❻ 2, 20, 800, 822	❿ 6, 90, 300, 396
❸ 1, 40, 300, 341	❼ 2, 20, 100, 122	⓫ 4, 40, 100, 144
❹ 9, 30, 600, 639	❽ 4, 60, 200, 264	⓬ 4, 40, 400, 444

9쪽

⓭ 636	⓴ 462	㉗ 688
⓮ 311	㉑ 428	㉘ 366
⓯ 464	㉒ 314	㉙ 628
⓰ 268	㉓ 111	㉚ 313
⓱ 666	㉔ 342	㉛ 864
⓲ 213	㉕ 141	㉜ 648
⓳ 644	㉖ 848	㉝ 243

04 올림이 한 번 있는 (세 자리 수) × (한 자리 수)① B

12쪽

❶ 14, 20, 800, 834	❺ 16, 80, 800, 896	❾ 18, 40, 400, 458
❷ 10, 40, 200, 250	❻ 10, 60, 200, 270	❿ 12, 60, 600, 672
❸ 14, 70, 700, 784	❼ 16, 80, 800, 896	⓫ 28, 40, 800, 868
❹ 14, 20, 600, 634	❽ 18, 80, 800, 898	⓬ 14, 70, 700, 784

13쪽

⓭ 874	⓴ 684	㉗ 690
⓮ 675	㉑ 272	㉘ 860
⓯ 575	㉒ 892	㉙ 981
⓰ 278	㉓ 698	㉚ 236
⓱ 238	㉔ 957	㉛ 638
⓲ 975	㉕ 654	㉜ 684
⓳ 876	㉖ 496	㉝ 858

05 올림이 한 번 있는 (세 자리 수) × (한 자리 수)② A

14쪽

❶ 604	❻ 3055	⓫ 705
❷ 2133	❼ 904	⓬ 8199
❸ 843	❽ 1477	⓭ 546
❹ 1266	❾ 489	⓮ 789
❺ 847	❿ 2793	⓯ 1569

15쪽

⓰ 1424	㉑ 459	㉖ 384
⓱ 905	㉒ 786	㉗ 1042
⓲ 2166	㉓ 1286	㉘ 966
⓳ 729	㉔ 1082	㉙ 906
⓴ 4088	㉕ 3288	㉚ 908

06 올림이 한 번 있는 (세 자리 수) × (한 자리 수)② B

16쪽

❶ 6, 180, 200, 386	❺ 6, 150, 600, 756	❾ 3, 90, 1500, 1593
❷ 6, 120, 800, 926	❻ 4, 40, 1000, 1044	❿ 8, 120, 800, 928
❸ 9, 90, 2100, 2199	❼ 8, 100, 200, 308	⓫ 6, 40, 1800, 1846
❹ 4, 120, 800, 924	❽ 8, 80, 1200, 1288	⓬ 8, 120, 800, 928

17쪽

⓭ 1286	⓴ 922	㉗ 573
⓮ 2163	㉑ 876	㉘ 1899
⓯ 1644	㉒ 753	㉙ 1599
⓰ 942	㉓ 1288	㉚ 964
⓱ 964	㉔ 2193	㉛ 549
⓲ 1848	㉕ 486	㉜ 3244
⓳ 1482	㉖ 924	㉝ 968

07 올림이 여러 번 있는 (세 자리 수) × (한 자리 수) A

18쪽

❶ 1098	❻ 1832	⓫ 5848
❷ 932	❼ 1476	⓬ 1168
❸ 1305	❽ 1614	⓭ 1359
❹ 864	❾ 2060	⓮ 1124
❺ 861	❿ 2490	⓯ 1924

19쪽

⓰ 1125	㉑ 2478	㉖ 4557
⓱ 1072	㉒ 2778	㉗ 1106
⓲ 462	㉓ 4626	㉘ 2919
⓳ 952	㉔ 1300	㉙ 1956
⓴ 550	㉕ 1676	㉚ 3488

08 올림이 여러 번 있는 (세 자리 수) × (한 자리 수) B

20쪽

❶ 16, 160, 800, 976	❺ 15, 60, 1500, 1575	❾ 7, 210, 2100, 2317
❷ 18, 120, 600, 738	❻ 36, 80, 2800, 2916	❿ 4, 180, 1400, 1584
❸ 18, 100, 800, 918	❼ 32, 80, 3200, 3312	⓫ 6, 180, 1200, 1386
❹ 18, 720, 900, 1638	❽ 18, 80, 1200, 1298	⓬ 4, 180, 1800, 1984

21쪽

⓭ 1560	⓴ 2502	㉗ 1419
⓮ 756	㉑ 2508	㉘ 1748
⓯ 938	㉒ 1098	㉙ 1848
⓰ 396	㉓ 1874	㉚ 1386
⓱ 370	㉔ 1498	㉛ 2379
⓲ 944	㉕ 2492	㉜ 1326
⓳ 1104	㉖ 2478	㉝ 1948

22쪽 09 (몇십) × (몇십) A

① 4500	⑦ 900
② 4000	⑧ 800
③ 600	⑨ 3600
④ 4200	⑩ 4800
⑤ 500	⑪ 2700
⑥ 1200	⑫ 2000

23쪽

⑬ 600	⑳ 2400	㉗ 2000
⑭ 3200	㉑ 700	㉘ 5400
⑮ 7200	㉒ 1200	㉙ 1400
⑯ 5600	㉓ 1500	㉚ 3200
⑰ 4500	㉔ 7200	㉛ 800
⑱ 1600	㉕ 2500	㉜ 2800
⑲ 2400	㉖ 1800	㉝ 3600

26쪽 11 (몇십몇) × (몇십) A

① 40, 1520	⑦ 80, 3440
② 30, 2790	⑧ 30, 2340
③ 30, 1770	⑨ 40, 3880
④ 20, 460	⑩ 90, 6840
⑤ 90, 7380	⑪ 30, 990
⑥ 30, 2370	⑫ 60, 3720

27쪽

⑬ 1840	⑳ 2600	㉗ 4320
⑭ 3780	㉑ 4980	㉘ 480
⑮ 3080	㉒ 6750	㉙ 3120
⑯ 2640	㉓ 4400	㉚ 7040
⑰ 1890	㉔ 8370	㉛ 5850
⑱ 3800	㉕ 2650	㉜ 3060
⑲ 940	㉖ 5880	㉝ 2040

24쪽 10 (몇십) × (몇십) B

① 800	⑥ 2400	⑪ 1000
② 2100	⑦ 3500	⑫ 1800
③ 1200	⑧ 1200	⑬ 8100
④ 4800	⑨ 400	⑭ 2800
⑤ 6300	⑩ 2400	⑮ 2000

25쪽

⑯ 5400	㉑ 2400	㉖ 4000
⑰ 3200	㉒ 1800	㉗ 1800
⑱ 6400	㉓ 1600	㉘ 3600
⑲ 1000	㉔ 1200	㉙ 3000
⑳ 700	㉕ 5600	㉚ 1800

28쪽 12 (몇십몇) × (몇십) B

① 5390	⑥ 3520	⑪ 1320
② 1840	⑦ 6790	⑫ 1380
③ 2940	⑧ 3560	⑬ 1110
④ 3850	⑨ 2280	⑭ 2160
⑤ 1950	⑩ 3900	⑮ 5280

29쪽

⑯ 3520	㉑ 1860	㉖ 8550
⑰ 3040	㉒ 6120	㉗ 4750
⑱ 2520	㉓ 3320	㉘ 1960
⑲ 1560	㉔ 5840	㉙ 6660
⑳ 1500	㉕ 1050	㉚ 6880

30쪽 13 (몇) × (몇십몇) A

❶ 385	❻ 182	⓫ 765
❷ 180	❼ 198	⓬ 396
❸ 228	❽ 240	⓭ 195
❹ 135	❾ 774	⓮ 480
❺ 336	❿ 315	⓯ 477

31쪽

⓰ 296	㉑ 546	㉖ 124
⓱ 282	㉒ 168	㉗ 116
⓲ 84	㉓ 736	㉘ 623
⓳ 112	㉔ 435	㉙ 294
⓴ 136	㉕ 232	㉚ 102

32쪽 14 (몇) × (몇십몇) B

❶ 20, 120, 140	❻ 40, 560, 600	⓫ 24, 80, 104
❷ 20, 240, 260	❼ 40, 450, 490	⓬ 14, 420, 434
❸ 42, 560, 602	❽ 12, 160, 172	⓭ 40, 150, 190
❹ 40, 720, 760	❾ 20, 100, 120	⓮ 24, 720, 744
❺ 30, 300, 330	❿ 40, 400, 440	⓯ 8, 160, 168

33쪽

⓰ 396	㉓ 158	㉚ 81
⓱ 595	㉔ 198	㉛ 792
⓲ 222	㉕ 219	㉜ 231
⓳ 162	㉖ 170	㉝ 522
⓴ 186	㉗ 125	㉞ 370
㉑ 512	㉘ 588	㉟ 414
㉒ 224	㉙ 138	㊱ 266

34쪽 15 올림이 한 번 있는 (몇십몇) × (몇십몇) A

❶ 552	❻ 224	⓫ 564
❷ 225	❼ 322	⓬ 270
❸ 266	❽ 322	⓭ 351
❹ 216	❾ 336	⓮ 221
❺ 576	❿ 364	⓯ 432

35쪽

⓰ 1053	㉑ 336	㉖ 852
⓱ 943	㉒ 663	㉗ 1116
⓲ 527	㉓ 1274	㉘ 1377
⓳ 854	㉔ 1349	㉙ 969
⓴ 1008	㉕ 1092	㉚ 1066

36쪽 16 올림이 한 번 있는 (몇십몇) × (몇십몇) B

❶ 2, 70, 420	❻ 2, 50, 300
❷ 3, 57, 247	❼ 5, 70, 210
❸ 3, 87, 377	❽ 2, 74, 444
❹ 3, 45, 195	❾ 3, 54, 234
❺ 2, 92, 552	❿ 4, 92, 552

37쪽

⓫ 1207	⓲ 1189	㉕ 546
⓬ 1729	⓳ 1029	㉖ 496
⓭ 1107	⓴ 972	㉗ 918
⓮ 888	㉑ 378	㉘ 1066
⓯ 1178	㉒ 915	㉙ 864
⓰ 714	㉓ 819	㉚ 756
⓱ 1065	㉔ 1547	㉛ 615

17 올림이 여러 번 있는 (몇십몇) × (몇십몇) A

38쪽

① 3588	⑥ 2992	⑪ 2871
② 3104	⑦ 6396	⑫ 1551
③ 4704	⑧ 1298	⑬ 2048
④ 4851	⑨ 3388	⑭ 5184
⑤ 1650	⑩ 6016	⑮ 621

39쪽

⑯ 3080	㉑ 2772	㉖ 4465
⑰ 7584	㉒ 1792	㉗ 3584
⑱ 3024	㉓ 2478	㉘ 8084
⑲ 7216	㉔ 3445	㉙ 7546
⑳ 2464	㉕ 3471	㉚ 3441

18 올림이 여러 번 있는 (몇십몇) × (몇십몇) B

40쪽

① 7, 84, 1044	⑥ 7, 371, 5141
② 7, 581, 6391	⑦ 3, 231, 5621
③ 8, 344, 2924	⑧ 6, 372, 4712
④ 6, 204, 1224	⑨ 4, 68, 748
⑤ 2, 196, 3136	⑩ 5, 125, 875

41쪽

⑪ 2646	⑱ 1218	㉕ 3212
⑫ 875	⑲ 2772	㉖ 3870
⑬ 3696	⑳ 2508	㉗ 4361
⑭ 3588	㉑ 2107	㉘ 2175
⑮ 4104	㉒ 1311	㉙ 4424
⑯ 2296	㉓ 2925	㉚ 880
⑰ 7050	㉔ 1716	㉛ 2738

42쪽 01 (몇십) ÷ (몇) A

① 40	⑦ 10
② 30	⑧ 10
③ 10	⑨ 10
④ 10	⑩ 20
⑤ 20	⑪ 20
⑥ 30	⑫ 10

43쪽

⑬ 40	⑱ 10	㉓ 30
⑭ 10	⑲ 20	㉔ 10
⑮ 20	⑳ 10	㉕ 10
⑯ 20	㉑ 30	㉖ 10
⑰ 10	㉒ 10	㉗ 40

44쪽 02 (몇십) ÷ (몇) B

① 45	⑦ 15	⑬ 25
② 18	⑧ 14	⑭ 15
③ 15	⑨ 16	⑮ 12
④ 15	⑩ 35	⑯ 18
⑤ 12	⑪ 14	⑰ 15
⑥ 45	⑫ 16	⑱ 14

45쪽

⑲ 14	㉕ 35	㉛ 16
⑳ 18	㉖ 15	㉜ 15
㉑ 15	㉗ 45	㉝ 12
㉒ 25	㉘ 18	㉞ 15
㉓ 15	㉙ 25	㉟ 12
㉔ 45	㉚ 16	㊱ 14

46쪽 03 나머지가 없고 내림이 없는 (몇십몇) ÷ (몇) A

① 33	⑦ 13	⑬ 44
② 12	⑧ 12	⑭ 11
③ 22	⑨ 41	⑮ 24
④ 21	⑩ 31	⑯ 11
⑤ 32	⑪ 31	⑰ 12
⑥ 23	⑫ 32	⑱ 42

47쪽

⑲ 14	㉕ 33	㉛ 11
⑳ 23	㉖ 43	㉜ 22
㉑ 11	㉗ 21	㉝ 34
㉒ 22	㉘ 13	㉞ 11
㉓ 11	㉙ 11	㉟ 11
㉔ 21	㉚ 12	㊱ 12

48쪽 04 나머지가 없고 내림이 없는 (몇십몇) ÷ (몇) B

① 12	⑧ 34	⑮ 12
② 42	⑨ 21	⑯ 11
③ 24	⑩ 13	⑰ 43
④ 33	⑪ 11	⑱ 21
⑤ 14	⑫ 23	⑲ 11
⑥ 22	⑬ 23	⑳ 12
⑦ 41	⑭ 11	㉑ 32

49쪽

㉒ 21	㉙ 32	㊱ 13
㉓ 44	㉚ 11	㊲ 11
㉔ 33	㉛ 31	㊳ 22
㉕ 11	㉜ 21	㊴ 24
㉖ 21	㉝ 12	㊵ 34
㉗ 33	㉞ 23	㊶ 13
㉘ 42	㉟ 12	㊷ 14

05 나머지가 없고 내림이 있는 (몇십몇) ÷ (몇) A

50쪽

① 15	⑦ 17	⑬ 38
② 27	⑧ 15	⑭ 13
③ 19	⑨ 12	⑮ 12
④ 14	⑩ 25	⑯ 23
⑤ 15	⑪ 17	⑰ 18
⑥ 27	⑫ 15	⑱ 18

51쪽

⑲ 46	㉕ 13	㉛ 13
⑳ 18	㉖ 28	㉜ 47
㉑ 17	㉗ 14	㉝ 17
㉒ 14	㉘ 18	㉞ 26
㉓ 28	㉙ 14	㉟ 13
㉔ 37	㉚ 24	㊱ 14

07 나머지가 있는 (몇십몇) ÷ (몇) A

54쪽

① 41…1	⑦ 1…7	⑬ 16…1
② 12…2	⑧ 19…1	⑭ 9…1
③ 7…5	⑨ 20…2	⑮ 17…1
④ 4…1	⑩ 4…5	⑯ 10…8
⑤ 4…5	⑪ 9…2	⑰ 3…5
⑥ 9…5	⑫ 3…2	⑱ 15…1

55쪽

⑲ 2…2	㉕ 15…3	㉛ 8…3
⑳ 6…3	㉖ 2…6	㉜ 10…5
㉑ 4…1	㉗ 6…3	㉝ 14…4
㉒ 4…4	㉘ 34…1	㉞ 8…1
㉓ 10…1	㉙ 5…4	㉟ 4…2
㉔ 6…4	㉚ 21…3	㊱ 11…6

06 나머지가 없고 내림이 있는 (몇십몇) ÷ (몇) B

52쪽

① 27	⑧ 14	⑮ 38
② 13	⑨ 13	⑯ 36
③ 13	⑩ 17	⑰ 18
④ 12	⑪ 13	⑱ 12
⑤ 37	⑫ 18	⑲ 18
⑥ 26	⑬ 28	⑳ 29
⑦ 17	⑭ 16	㉑ 16

53쪽

㉒ 15	㉙ 15	㊱ 15
㉓ 19	㉚ 39	㊲ 47
㉔ 14	㉛ 29	㊳ 14
㉕ 12	㉜ 16	㊴ 23
㉖ 18	㉝ 28	㊵ 14
㉗ 16	㉞ 25	㊶ 12
㉘ 27	㉟ 15	㊷ 19

08 나머지가 있는 (몇십몇) ÷ (몇) B

56쪽

① 6…2	⑧ 2…2	⑮ 4…2
② 6…7	⑨ 49…1	⑯ 5…7
③ 6…1	⑩ 18…1	⑰ 12…3
④ 47…1	⑪ 11…1	⑱ 13…2
⑤ 7…7	⑫ 13…1	⑲ 10…3
⑥ 36…1	⑬ 9…8	⑳ 3…1
⑦ 11…5	⑭ 4…4	㉑ 4…1

57쪽

㉒ 3…7	㉙ 13…3	㊱ 3…2
㉓ 1…5	㉚ 14…2	㊲ 10…2
㉔ 5…5	㉛ 19…4	㊳ 4…7
㉕ 7…5	㉜ 3…4	㊴ 13…1
㉖ 6…6	㉝ 10…4	㊵ 10…6
㉗ 13…5	㉞ 14…4	㊶ 9…4
㉘ 5…6	㉟ 5…3	㊷ 9…4

09 나머지가 없는 (세 자리 수) ÷ (한 자리 수) A

58쪽

❶ 58	❼ 77	⓭ 79
❷ 49	❽ 66	⓮ 65
❸ 94	❾ 97	⓯ 29
❹ 52	❿ 81	⓰ 67
❺ 84	⓫ 69	⓱ 22
❻ 42	⓬ 94	⓲ 87

59쪽

⓳ 91	㉕ 27	㉛ 83
⓴ 68	㉖ 88	㉜ 32
㉑ 86	㉗ 37	㉝ 75
㉒ 41	㉘ 72	㉞ 64
㉓ 91	㉙ 61	㉟ 84
㉔ 21	㉚ 93	㊱ 75

11 나머지가 있는 (세 자리 수) ÷ (한 자리 수) A

62쪽

❶ 94…4	❼ 18…5	⓭ 80…1
❷ 31…6	❽ 92…1	⓮ 51…1
❸ 70…6	❾ 43…6	⓯ 80…5
❹ 65…7	❿ 62…4	⓰ 33…4
❺ 37…2	⓫ 87…6	⓱ 78…6
❻ 67…3	⓬ 76…4	⓲ 60…3

63쪽

⓳ 91…2	㉕ 88…1	㉛ 15…8
⓴ 71…3	㉖ 66…3	㉜ 89…5
㉑ 84…2	㉗ 75…8	㉝ 49…1
㉒ 66…2	㉘ 44…7	㉞ 85…6
㉓ 94…3	㉙ 71…5	㉟ 25…6
㉔ 54…6	㉚ 89…6	㊱ 38…4

10 나머지가 없는 (세 자리 수) ÷ (한 자리 수) B

60쪽

❶ 117	❼ 122	⓭ 164
❷ 136	❽ 148	⓮ 233
❸ 285	❾ 116	⓯ 496
❹ 108	❿ 177	⓰ 105
❺ 131	⓫ 108	⓱ 234
❻ 181	⓬ 357	⓲ 180

61쪽

⓳ 137	㉕ 142	㉛ 128
⓴ 242	㉖ 316	㉜ 157
㉑ 256	㉗ 166	㉝ 222
㉒ 192	㉘ 134	㉞ 209
㉓ 107	㉙ 145	㉟ 112
㉔ 159	㉚ 196	㊱ 299

12 나머지가 있는 (세 자리 수) ÷ (한 자리 수) B

64쪽

❶ 193…3	❼ 142…5	⓭ 163…2
❷ 138…1	❽ 113…1	⓮ 341…1
❸ 118…2	❾ 484…1	⓯ 405…1
❹ 212…1	❿ 187…1	⓰ 261…1
❺ 189…1	⓫ 153…3	⓱ 233…1
❻ 159…1	⓬ 132…3	⓲ 122…2

65쪽

⓳ 263…1	㉕ 130…2	㉛ 174…2
⓴ 114…1	㉖ 130…1	㉜ 109…5
㉑ 172…4	㉗ 147…1	㉝ 117…2
㉒ 127…2	㉘ 164…2	㉞ 181…1
㉓ 149…2	㉙ 288…1	㉟ 168…1
㉔ 131…5	㉚ 102…3	㊱ 155…3

66쪽 13 계산이 맞는지 확인하기 A

❶ 6, 1 / 6, 1
❷ 9, 3 / 9, 3
❸ 2, 2 / 2, 2
❹ 3, 2 / 3, 2
❺ 2, 3 / 2, 3
❻ 5, 3 / 5, 3
❼ 4, 1 / 4, 1
❽ 7, 2 / 7, 2

67쪽

❾ 4, 1 / 4, 1
❿ 8, 2 / 8, 2
⓫ 9, 2 / 9, 2
⓬ 5, 8 / 5, 8
⓭ 5, 7 / 5, 7
⓮ 9, 2 / 9, 2
⓯ 7, 1 / 7, 1
⓰ 7, 2 / 7, 2

68쪽 01 분수로 나타내기 A

① 2/2
② 2/2
③ 1/1
④ 2/2
⑤ 2/2
⑥ 1/1

69쪽

⑦ $\frac{6}{7}$
⑧ $\frac{2}{9}$
⑨ $\frac{6}{8}$
⑩ $\frac{5}{7}$
⑪ $\frac{1}{8}$
⑫ $\frac{6}{9}$
⑬ $\frac{8}{9}$
⑭ $\frac{4}{7}$
⑮ $\frac{1}{9}$
⑯ $\frac{3}{7}$
⑰ $\frac{5}{8}$
⑱ $\frac{5}{9}$

70쪽 02 진분수, 가분수, 대분수 A

① 가
② 가
③ 진
④ 대
⑤ 대
⑥ 진
⑦ 가
⑧ 진
⑨ 진
⑩ 대
⑪ 가
⑫ 가
⑬ 대
⑭ 진
⑮ 대
⑯ 대
⑰ 가
⑱ 진
⑲ 진
⑳ 가
㉑ 대

71쪽

㉒ 대
㉓ 진
㉔ 대
㉕ 진
㉖ 대
㉗ 가
㉘ 대
㉙ 가
㉚ 대
㉛ 진
㉜ 가
㉝ 진
㉞ 대
㉟ 진
㊱ 진
㊲ 가
㊳ 가
㊴ 대
㊵ 가
㊶ 진
㊷ 가

72쪽 03 대분수를 가분수로 나타내기 A

① $\frac{5}{4}$
② $\frac{9}{5}$
③ $\frac{6}{4}$
④ $\frac{11}{6}$
⑤ $\frac{8}{7}$
⑥ $\frac{8}{6}$
⑦ $\frac{9}{7}$
⑧ $\frac{4}{3}$
⑨ $\frac{6}{5}$
⑩ $\frac{7}{5}$

73쪽

⑪ $\frac{10}{8}$
⑫ $\frac{7}{4}$
⑬ $\frac{8}{5}$
⑭ $\frac{10}{9}$
⑮ $\frac{7}{5}$
⑯ $\frac{9}{6}$
⑰ $\frac{9}{7}$
⑱ $\frac{10}{6}$
⑲ $\frac{15}{9}$
⑳ $\frac{11}{7}$
㉑ $\frac{5}{4}$
㉒ $\frac{3}{2}$
㉓ $\frac{12}{9}$
㉔ $\frac{17}{9}$
㉕ $\frac{14}{8}$
㉖ $\frac{7}{6}$
㉗ $\frac{6}{4}$
㉘ $\frac{5}{3}$
㉙ $\frac{13}{7}$
㉚ $\frac{9}{5}$
㉛ $\frac{14}{9}$

74쪽 04 가분수를 대분수로 나타내기 A

① $1\frac{3}{6}$	⑥ $1\frac{1}{4}$
② $1\frac{1}{2}$	⑦ $1\frac{3}{7}$
③ $1\frac{2}{8}$	⑧ $1\frac{1}{5}$
④ $1\frac{2}{4}$	⑨ $1\frac{2}{3}$
⑤ $1\frac{1}{3}$	⑩ $1\frac{3}{4}$

75쪽

⑪ $1\frac{3}{5}$	⑱ $1\frac{6}{8}$	㉕ $1\frac{4}{7}$
⑫ $1\frac{4}{8}$	⑲ $1\frac{2}{7}$	㉖ $1\frac{7}{8}$
⑬ $1\frac{5}{6}$	⑳ $1\frac{1}{8}$	㉗ $1\frac{1}{6}$
⑭ $1\frac{2}{5}$	㉑ $1\frac{2}{8}$	㉘ $1\frac{3}{8}$
⑮ $1\frac{5}{7}$	㉒ $1\frac{1}{9}$	㉙ $1\frac{6}{7}$
⑯ $1\frac{5}{8}$	㉓ $1\frac{3}{7}$	㉚ $1\frac{2}{6}$
⑰ $1\frac{4}{5}$	㉔ $1\frac{5}{9}$	㉛ $1\frac{5}{8}$

76쪽 05 분모가 같은 가분수의 크기 비교 A

① $<$	⑤ $<$
② $>$	⑥ $>$
③ $<$	⑦ $>$
④ $>$	⑧ $<$

77쪽

⑨ $<$	⑮ $>$	㉑ $<$
⑩ $>$	⑯ $<$	㉒ $>$
⑪ $>$	⑰ $>$	㉓ $>$
⑫ $<$	⑱ $<$	㉔ $>$
⑬ $<$	⑲ $<$	㉕ $>$
⑭ $<$	⑳ $<$	㉖ $<$

78쪽 06 분모가 같은 대분수의 크기 비교 A

① $<$	⑦ $>$	⑬ $>$
② $>$	⑧ $<$	⑭ $>$
③ $<$	⑨ $<$	⑮ $>$
④ $<$	⑩ $<$	⑯ $>$
⑤ $<$	⑪ $>$	⑰ $<$
⑥ $<$	⑫ $>$	⑱ $<$

79쪽

⑲ $>$	㉕ $<$	㉛ $<$
⑳ $>$	㉖ $>$	㉜ $>$
㉑ $<$	㉗ $>$	㉝ $>$
㉒ $<$	㉘ $<$	㉞ $<$
㉓ $<$	㉙ $<$	㉟ $<$
㉔ $<$	㉚ $>$	㊱ $>$

80쪽 07 분모가 같은 가분수와 대분수의 크기 비교 A

① $>$	⑦ $>$	⑬ $<$
② $<$	⑧ $<$	⑭ $>$
③ $<$	⑨ $<$	⑮ $>$
④ $<$	⑩ $>$	⑯ $<$
⑤ $<$	⑪ $>$	⑰ $>$
⑥ $>$	⑫ $>$	⑱ $<$

81쪽

⑲ $>$	㉕ $<$	㉛ $>$
⑳ $<$	㉖ $<$	㉜ $<$
㉑ $<$	㉗ $<$	㉝ $<$
㉒ $<$	㉘ $>$	㉞ $<$
㉓ $<$	㉙ $<$	㉟ $>$
㉔ $>$	㉚ $>$	㊱ $>$

82쪽 01 들이의 덧셈 A

❶ 6L 300mL ❷ 3L 500mL ❸ 5L 200mL ❹ 3L 300mL ❺ 5L 200mL
❻ 3L 500mL ❼ 6L 300mL ❽ 3L 200mL ❾ 5L 800mL ❿ 5L 400mL
⓫ 5L 600mL ⓬ 4L 500mL ⓭ 5L 700mL ⓮ 3L 100mL ⓯ 6L 100mL

83쪽

⑯ 4L 200mL ⑰ 5L 100mL ⑱ 6L 500mL ⑲ 4L 700mL ⑳ 5L 700mL ㉑ 6L 300mL ㉒ 6L 100mL ㉓ 5L 100mL
㉔ 4L 200mL ㉕ 6L 600mL ㉖ 3L 200mL ㉗ 9L 100mL ㉘ 5L 200mL ㉙ 5L 500mL ㉚ 4L 300mL ㉛ 6L 600mL

84쪽 02 들이의 뺄셈 A

❶ 1L 200mL ❷ 2L 800mL ❸ 1L 600mL ❹ 1L 800mL ❺ 1L 800mL
❻ 3L 700mL ❼ 1L 700mL ❽ 2L 700mL ❾ 3L 800mL ❿ 1L 800mL
⓫ 1L 600mL ⓬ 1L 700mL ⓭ 2L 300mL ⓮ 1L 900mL ⓯ 1L 800mL

85쪽

⑯ 3L 800mL ⑰ 1L 300mL ⑱ 1L 400mL ⑲ 2L 500mL ⑳ 1L 400mL ㉑ 1L 900mL ㉒ 1L 600mL ㉓ 2L 500mL
㉔ 1L 800mL ㉕ 1L 600mL ㉖ 3L 900mL ㉗ 1L 600mL ㉘ 1L 900mL ㉙ 2L 900mL ㉚ 3L 400mL ㉛ 1L 300mL

86쪽 03 무게의 덧셈 A

❶ 4kg 800g ❷ 3kg 100g ❸ 3kg 800g ❹ 5kg 500g ❺ 3kg 200g
❻ 3kg 500g ❼ 6kg 100g ❽ 5kg 300g ❾ 6kg 200g ❿ 6kg 200g
⓫ 4kg 200g ⓬ 3kg 200g ⓭ 6kg 100g ⓮ 4kg 500g ⓯ 5kg 300g

87쪽

⑯ 4kg 300g ⑰ 4kg 100g ⑱ 3kg 400g ⑲ 5kg 700g ⑳ 3kg 100g ㉑ 6kg 300g ㉒ 3kg 100g ㉓ 4kg 200g
㉔ 5kg 200g ㉕ 3kg 100g ㉖ 6kg 100g ㉗ 3kg 100g ㉘ 3kg 400g ㉙ 3kg 200g ㉚ 6kg 100g ㉛ 3kg 400g

88쪽 04 무게의 뺄셈 A

❶ 1kg 600g ❷ 2kg 800g ❸ 2kg 400g ❹ 1kg 500g ❺ 1kg 900g
❻ 2kg 500g ❼ 1kg 800g ❽ 2kg 800g ❾ 2kg 800g ❿ 2kg 900g
⓫ 3kg 600g ⓬ 1kg 300g ⓭ 1kg 400g ⓮ 3kg 800g ⓯ 1kg 900g

89쪽

⑯ 3kg 400g ⑰ 1kg 400g ⑱ 1kg 900g ⑲ 2kg 400g ⑳ 1kg 900g ㉑ 2kg 600g ㉒ 3kg 900g ㉓ 1kg 800g
㉔ 1kg 600g ㉕ 2kg 500g ㉖ 2kg 200g ㉗ 1kg 700g ㉘ 1kg 600g ㉙ 1kg 700g ㉚ 1kg 400g ㉛ 2kg 700g

MEMO